AF892258

GUÍA CELESTE MENSUAL

IAN RIDPATH
ilustrada por
WIL TIRION

SEXTA EDICIÓN

TRADUCCIÓN DE DULCINEA OTERO-PIÑEIRO

DIRECTOR DE LA COLECCIÓN
DAVID GALADÍ-ENRÍQUEZ

CAMBRIDGE
UNIVERSITY PRESS

PUBLICADO POR THE PRESS SYNDICATE OF THE UNIVERSITY OF CAMBRIDGE
The Pitt Building, Trumpington Street, Cambridge, United Kingdom

CAMBRIDGE UNIVERSITY PRESS
The Edinburgh Building, Cambridge CB2 2RU, UK
40 West 20th Street, New York, NY 10011-4211, USA
477 Williamstown Road, Port Melbourne, VIC 3207, Australia
Ruiz de Alarcón, 13, 28014 Madrid, Spain
Dock House, The Waterfront, Cape Town 8001, South Africa

http://www.cambridge.org

Título original *The Monthly Sky Guide,* Sixth edition
ISBN 0 521 53306 6
Publicado por Cambridge University Press 2003
© Cambridge University Press 1987, 1990, 1993, 1996, 1999, 2003

Edición española como *Guía celeste mensual*
© Traducción española de Dulcinea Otero-Piñeiro, 2003
Primera edición en Cambridge University Press, 2003
C/ Ruiz de Alarcón ,13
28014 Madrid
http://www.cup.es

ISBN 84 8323 359 2 rústica

Impresión: Lavel, S. A.
Maquetación: GIGA, S.L.
Depósito Legal: 37.192-2003

Quedan rigurosamente prohibidas, sin la autorización escrita de los titulares del copyright, bajo las sanciones establecidas en las leyes, la reproducción total o parcial de esta obra por cualquier medio o procedimiento, comprendidos la reprografía y el tratamiento informático, y la distribución de ejemplares de ella mediante alquiler o préstamo público.

Contenidos

No en vano observamos la puesta y salida de los astros y el año repartido por igual en cuatro estaciones diferentes.

[...] y me muestren [las dulces Musas] las constelaciones y el curso de los astros, los variados eclipses del Sol y los desfallecimientos de la Luna.

En Geórgicas *de Virgilio, traducido al castellano con introducción y notas por T. de la A. Recio García y A. Soler Ruiz (Biblioteca Clásica Gredos, 1990)*

Introducción

Las estrellas aparecen dispersas en el firmamento nocturno como lentejuelas sobre terciopelo. En condiciones óptimas llegan a apreciarse más de 2000 a simple vista en cualquier momento, pero en su mayoría son tenues e insignificantes. Solo algunos centenares de estrellas brillan lo bastante para destacar a simple vista y son esas las que aparecen señaladas en los mapas celestes de este libro. Las más llamativas sirven como puntos de referencia para el resto del cielo, tal como se ilustra en las páginas 8 y 9. Por fortuna, para orientarse con seguridad en el firmamento basta con conocer varias docenas de estrellas.

Esta obra permite iniciarse mes a mes en el mundo de las estrellas sin recurrir a ayuda óptica, de manera que el cielo vaya resultando familiar a medida que transcurre el año.

¿Qué es una estrella?

Todas las estrellas son soles, esferas de gas resplandeciente como nuestro Sol, pero tan lejanas que se nos muestran como meros puntos de luz aun contempladas con los telescopios más potentes. Toda estrella posee en su centro un reactor nuclear natural e inmenso que la hace brillar. Las estrellas pueden refulgir sin interrupción durante miles de millones de años antes de que al fin se desvanezcan.

Muchas estrellas brillantes ostentan colores destacados. Por ejemplo, Antares, Betelgueuse y Aldebarán se muestran rojo-anaranjadas. El color de una estrella está relacionado con su temperatura. En contra de lo que indica la experiencia cotidiana, las estrellas rojas y anaranjadas son las que poseen superficies más frías que la de nuestro Sol, que es un astro blanco-amarillento. Por el contrario, las estrellas más calientes del cielo aparecen blanquiazuladas, sobre todo Rigel, la Espiga y Vega. En las cartas estelares de este libro, los astros más brillantes se han coloreado tal como se muestran a simple vista. Sin embargo, la vista no alcanza a detectar la tonalidad de las estrellas tenues. Los colores se distinguen mejor al observar a través de prismáticos o telescopios.

El conocido centelleo de las estrellas no tiene nada que ver con estos objetos en sí, sino que se debe a corrientes de aire en la atmósfera terrestre que producen un efecto similar al tremor de las imágenes lejanas en días calurosos. Los astros próximos al horizonte titilan más que otros porque los vemos a través de un grosor mayor de atmósfera (véase ilustración). Las estrellas brillantes suelen centellear con colores que van del rojo al azul cuando titilan. Esos colores provienen de la descomposición de la luz estelar en la atmósfera terrestre.

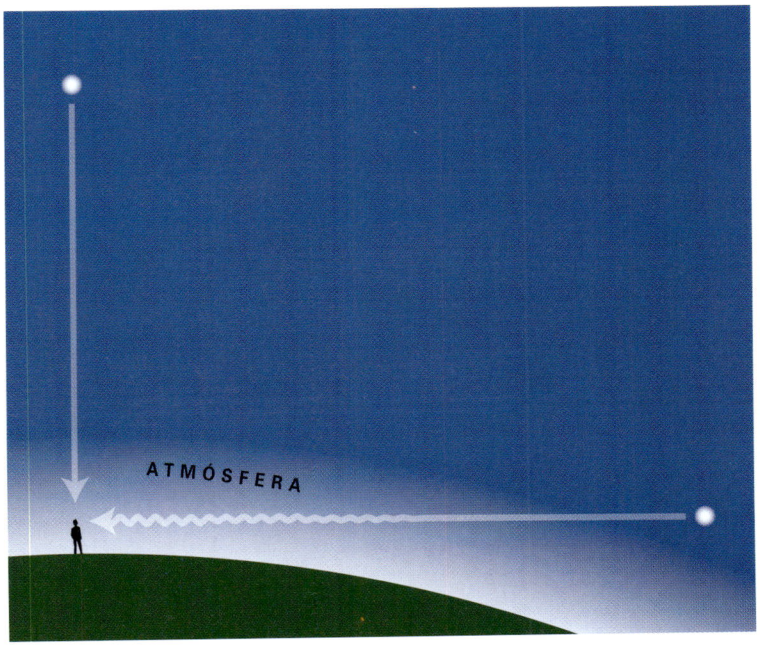

Las estrellas próximas al horizonte parecen titilar porque su luz atraviesa mayor cantidad de atmósfera terrestre que la luz de las estrellas situadas en la vertical.

¿Qué es un planeta?

Nueve planetas, contando la Tierra, orbitan alrededor del Sol. La diferencia esencial entre una estrella y un planeta radica en que aquella emite luz propia, mientras que este no. Los planetas brillan en el firmamento porque reflejan la luz del Sol. Su composición puede consistir mayoritariamente en roca, como el caso de la Tierra, o en gas, como ocurre con Júpiter y Saturno.

Los planetas siempre se hallan en movimiento, de modo que no pueden señalarse en los mapas de esta obra. Los tres planetas más externos (Urano, Neptuno y Plutón) son demasiado débiles para contemplarlos a simple vista. El planeta más interno, Mercurio, se encuentra tan próximo al Sol que el crepúsculo lo engulle eternamente. Por tanto, si se observa a simple vista, solo destacan cuatro planetas en el cielo de la noche: Venus, Marte, Júpiter y Saturno. En las referencias mensuales de esta obra se dan las posiciones que ocupan cada mes estos cuatro planetas a lo largo de un lustro. Los planetas aparecen cercanos al plano de la eclíptica, el recorrido anual del Sol por el firmamento, la cual se representa en los mapas mediante una línea punteada de color verde.

Venus es el planeta más brillante por dos razones: se aproxima más a la Tierra que ningún otro y se halla cubierto en su totalidad por nubes muy reflectantes. A Venus se lo conoce popularmente como el lucero del alba o de la tarde porque brilla con intensidad en el crepúsculo antes de la salida o tras la puesta del Sol. A medida que Venus orbita el Sol va atravesando fases, al igual que la Luna, que llegan a apreciarse con telescopios pequeños o prismáticos.

El segundo planeta más brillante visto desde la Tierra es Júpiter, el mayor del Sistema Solar. Los prismáticos revelan su disco circular y sus cuatro satélites más brillantes. Cuando Marte alcanza el máximo acercamiento a nosotros aparece como una estrella roja muy luminosa, pero es demasiado pequeño para mostrar muchos detalles a través de telescopios modestos. Cuando se encuentra más próximo, Saturno se aprecia, a simple vista, como una estrella muy destacada y los prismáticos solo revelan el contorno de los anillos que circundan su ecuador.

A menudo se dice que los planetas no centellean, pero no es del todo cierto. En noches turbulentas, sobre todo, puede apreciarse cierto parpadeo en los planetas, pero como no son meras fuentes puntuales de luz titilan, en efecto, mucho menos que las estrellas.

¿Qué es una constelación?

Hace unos 4500 años, los moradores del Mediterráneo oriental empezaron a dividir el firmamento en figuras fáciles de reconocer que bautizaron con nombres de dioses, héroes y animales mitológicos. Esos patrones estelares se conocen como constelaciones y resultaron de gran utilidad para la navegación y para que los agricultores distinguieran el paso del tiempo durante la noche o de las estaciones a lo largo del año. En la época del astrónomo griego Tolomeo, el año 150 d. de C., se reconocían 48 constelaciones.

Desde entonces, varios astrónomos han introducido nuevas constelaciones para cubrir los huecos existentes entre las de la antigüedad. Muchas de las nuevas figuras estelares se encuentran en el cielo austral, el cual permanecía oculto a la vista de los griegos. Algunas de las constelaciones de invención reciente se han perdido, se han fundido con otras o incluso han cambiado de nombre y de fronteras. Este proceso aleatorio ha dejado un total de 88 constelaciones, de todas las formas y tamaños, que cubren el cielo por completo como piezas de un rompecabezas. Todas ellas poseen nombres oficiales en latín, y se citan en este libro por su nombre en castellano seguido, entre paréntesis, del nombre científico latino, cuando este difiere del español. Los nombres y delimitaciones de las constelaciones los ha fijado la Unión Astronómica Internacional, la institución que rige la astronomía.

Las estrellas de cada constelación suelen no mantener ninguna relación mutua y se encuentran a distancias muy variadas tanto de nosotros como entre ellas mismas (véase la ilustración de la pág. 2), de modo que las figuras que forman en el cielo son completamente casuales. Los principiantes quedan acongojados ante el hecho de que pocas constelaciones guarden parecido con los objetos que se supone que representan. No conviene considerar las constelaciones como figuras en el cielo, sino como un medio cómodo para localizar los objetos celestes.

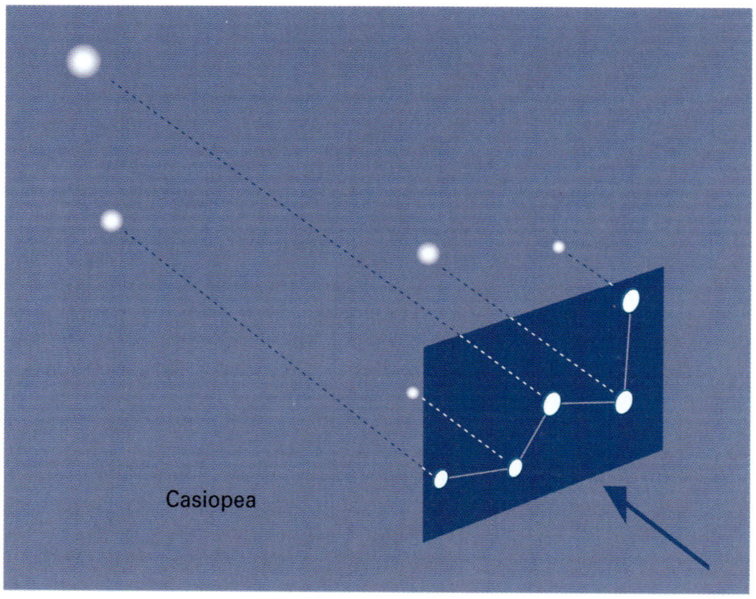

Las estrellas que forman las constelaciones se encuentran a distancias diversas de la Tierra, tal como ocurre con las cinco que conforman la W característica de Casiopea (Cassiopeia).

¿Cómo se dio nombre a las estrellas?

Las estrellas más brillantes, y algunas que no lo son tanto, portan nombres un tanto extraños al oído. Otras se conocen simplemente mediante letras y números. Sus designaciones surgieron de diversas maneras, tal como se expone a continuación.

Cierta cantidad de nombres estelares se remonta a la época de los griegos y los romanos. Así, por ejemplo, el apelativo de la estrella más brillante del cielo, Sirio (Sirius en latín), procede de la antigua palabra griega que significa «reluciente» o «quemante», en alusión a su brillo. El nombre de otra estrella destacada, Antares, significaba en griego «semejante a Marte» o «rival de Marte», debido a su intenso color rojo, parecido al del planeta Marte. La estrella más llamativa de la constelación de Virgo se conoce como la Espiga (Spica), porque esta constelación representa una diosa de las cosechas que porta una espiga de trigo.

Sin embargo, la mayor parte de nuestros nombres estelares posee origen árabe y fue introducido en Europa durante la Edad Media a través de la conquista de España por los musulmanes. Aldebarán (Aldebaran), por ejemplo, significa en árabe «perseguidora» porque en el firmamento sigue al cúmulo estelar conocido como las Pléyades. Fomalhaut significa en árabe «boca del pez», debido a la posición que ocupa en la constelación del Pez Austral (Piscis Austrinus). Betelgueuse (Betelgeuse) es una deformación de la expresión árabe yad al-jawza, que significa «la mano de Orión». Este nombre se traduce a menudo erróneamente como «axila del que se encuentra en el centro».

En esta obra usamos los nombres propios de las estrellas y constelaciones en su forma castellana y damos la latina (en caso de diferir) entre paréntesis. Siguiendo la costumbre universal, en los mapas se usa exclusivamente la nomenclatura latina.

En total existen varios cientos de estrellas con nombres propios, pero los astrónomos solo emplean con asiduidad algunas docenas. Por lo general, en astronomía se alude a las estrellas mediante la letra griega que les asignó en 1603 el astrónomo alemán Johann Bayer, de ahí que esta designación se conozca como letras de Bayer. Según este método, Betelgueuse es alfa (α) Orionis, lo cual significa que se trata de la estrella alfa de la constelación de Orión (Orion). Otro sistema para designar las estrellas se basa en el número que portan en el catálogo estelar recopilado por el astrónomo inglés John Flamsteed. Se los conoce como números de Flamsteed y se aplican a estrellas más tenues que carecen de letra de Bayer, como en el caso de 61 Cygni. (Adviértase que con las letras de Bayer y los números de Flamsteed siempre se usa el nombre latino de la constelación declinado en caso genitivo, o sea, en posesivo.) Las estrellas demasiado débiles para aparecer en estos sistemas o con características particulares se nombran mediante el número que les corresponde en varios catálogos específicos.

¿Cuánto distan las estrellas?

Las estrellas se encuentran tan lejos que su distancia no se mide en kilómetros, sino según el tiempo que invierte la luz en viajar desde ellas hasta nosotros. La luz alcanza la velocidad máxima que se da en el universo, 300000 km/s. Tarda justamente un segundo en recorrer el espacio existente entre la Luna y la Tierra, 8.3 minutos en llegarnos desde el Sol y 4.4 años en alcanzar la Tierra desde la estrella más cercana a la nuestra, alfa Centauri, de ahí que digamos que alfa Centauri se encuentra a 4.4 años-luz de distancia.

Un año-luz equivale a 9.5 billones de kilómetros, de modo que traducido a unidades cotidianas, alfa Centauri dista unos 40 billones de kilómetros. Nuestros vehículos espaciales más veloces tardarían alrededor de 80000 años en llegar a dicha estrella, así que por el momento no hay esperanzas de que exploremos esos astros.

La mayoría de las estrellas que se aprecian a simple vista dista entre docenas y centenares de años-luz. Sobrecoge pensar que la luz que alcanza nuestros ojos durante la noche surgió de las estrellas hace tanto tiempo. Las estrellas más remotas que podemos observar sin ayuda óptica se encuentran a más de 1000 años-luz de distancia; así ocurre, por ejemplo, con Deneb en la constelación del Cisne (Cygnus) y con varias estrellas de Orión (Orion). A distancias tan vastas solo llegamos a divisar a simple vista estrellas cuyo brillo supera el del Sol en más de 50 000 veces. En el extremo opuesto de la escala, las estrellas más débiles emiten menos de una milésima parte de la luz del Sol y ni siquiera las más cercanas a nosotros de esta categoría llegan a apreciarse sin telescopio.

¿Cuánto brillan las estrellas?

El brillo aparente de las estrellas visibles sin ayuda óptica varía en más de mil veces desde la más brillante, Sirio (Sirius), hasta las que solo pueden vislumbrarse en las noches más oscuras. En astronomía, el brillo de las estrellas se denomina magnitud. El sistema de magnitudes constituye una de las tradiciones más estrambóticas de la astronomía.

Las estrellas apreciables a simple vista se clasifican en seis clases de magnitud que van desde la primera magnitud (las más brillantes) hasta la sexta magnitud (las más tenues). Una diferencia de cinco magnitudes corresponde a un cambio de brillo aparente que equivale exactamente a 100 veces. Por consiguiente, el paso de una magnitud a la siguiente corresponde a una diferencia de brillo de 2.5 veces. Una diferencia de dos magnitudes equivale a un factor de brillo de $2.5 \times 2.5 = 6.3$ veces. Tres magnitudes suponen una diferencia de brillo de $2.5 \times 2.5 \times 2.5 = 16$ veces, y así sucesivamente.

Las estrellas 2.5 veces más brillantes que las de magnitud 1.0 se consideran de magnitud 0. A los objetos aún más brillantes se les asignan magnitudes negativas. Sirio (Sirius), la estrella más brillante de todo el firmamento, posee una magnitud de −1.44.

El sistema de magnitudes puede ampliarse de manera indefinida para considerar los objetos más brillantes y los más tenues. El Sol, por ejemplo, tiene magnitud -27. Los objetos más débiles que la sexta magnitud se clasifican, siguiendo la misma sucesión, como de séptima magnitud, de octava magnitud, etc. Los objetos más tenues que llegan a detectar los telescopios instalados en tierra, rondan la magnitud 25.

¿Qué son las estrellas dobles?

La mayoría de las estrellas no son una sola, como parecen al contemplarlas a simple vista, sino que cuentan con una o más estrellas compañeras. Muchas pueden observarse con telescopios pequeños y algunas se divisan con prismáticos. La visibilidad de la estrella compañera depende de su brillo y de su distancia a la estrella primaria (cuanto más cerca se hallen, mayor abertura de telescopio se necesita para separarlas).

Por lo general, ambos miembros de estas familias estelares se encuentran a la misma distancia de nosotros y orbitan uno alrededor del otro, igual que los planetas alrededor del Sol. Los pares estelares que mantienen dicha relación real se conocen como estrellas binarias. Pero en algunas ocasiones, una de las estrellas simplemente se halla en la prolongación de la visual de la otra, a una distancia muy distinta de la Tierra (véase la figura de la pág. 3). Cuando se da este alineamiento casual entre dos estrellas que no guardan ningún vínculo entre sí se habla de dobles ópticas.

Uno de los atractivos de las estrellas dobles y múltiples estriba en las diversas combinaciones posibles de colores estelares. Así, una de las estrellas dobles más bellas la conforma Albireo en la constelación del Cisne

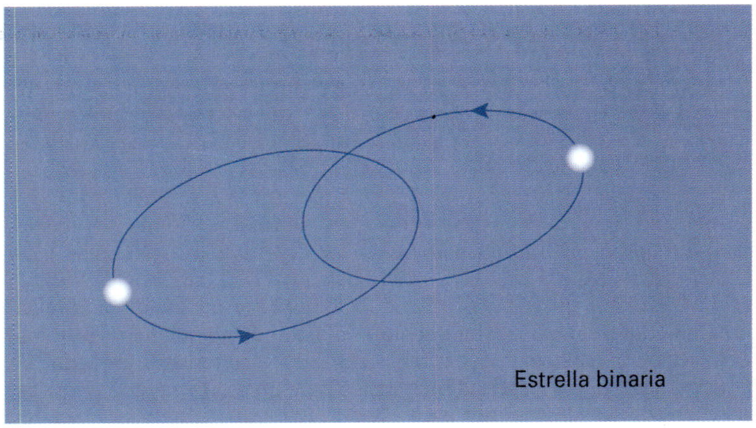

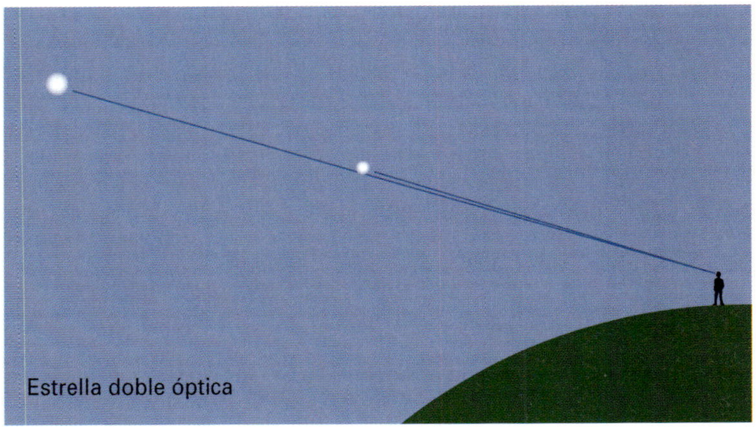

En la mayoría de las estrellas dobles, sus componentes orbitan una alrededor de la otra (dobles físicas, o estrellas binarias, ilustración superior), pero en algunas estrellas dobles las componentes simplemente coinciden por casualidad en la misma línea de visión (dobles ópticas).

(Cygnus), formada por una estrella ambarina y otra verdosa que le confiere el aspecto de un semáforo celeste. En el apartado dedicado a las constelaciones se mencionan otras estrellas dobles y múltiples impresionantes.

¿Qué son las estrellas variables?

No todas las estrellas mantienen un brillo constante. Algunas estrellas experimentan un cambio notorio de brillo de una noche a otra, y algunas lo hacen incluso de hora en hora. La variable más brillante es Betelgueuse (Betelgeuse), que cambia en una magnitud completa (es decir 2.5 veces) entre su máximo y su mínimo de intensidad e invierte muchos meses o incluso años en pasar de un máximo al siguiente. Las oscilaciones en la emisión lumínica de Betelgueuse se deben a alteraciones en el tamaño real de la estrella. Aunque las variaciones de Betelgueuse carecen de un periodo estable, cierta cantidad de estrellas pulsa con regularidad, como los latidos del corazón, cada pocos días o semanas. Estas últimas se conocen como variables Cefeidas y en ellas se cumple que cuanto más dilatado sea su ciclo de variación, más luminosa es la estrella.

Algunas estrellas que parecen cambiar de brillo consisten en realidad en binarias de componentes muy cercanas entre sí, donde una de las estrellas eclipsa la otra de forma periódica y, por tanto, bloquea temporalmente la luz que llega hasta nosotros. El prototipo de estas estrellas llamadas binarias eclipsantes es Algol, en la constelación de Perseo (Perseus), la cual pierde hasta un tercio de su brillo habitual cada 2 días, 20 horas y 49 minutos. A esta y a otras variables interesantes se alude en los apartados dedicados a las constelaciones.

Las variables más espectaculares son las novas, estrellas tenues que pueden fulgurar durante algunos días con un brillo miles de veces mayor que el usual antes de hundirse de nuevo en la oscuridad. Las novas deben su nombre a que en el pasado se pensaba de veras que se trataba de estrellas nuevas que aparecían en el firmamento. Ahora se sabe que las novas son, en realidad, estrellas viejas y débiles que resplandecen así cuando cae sobre ellas gas procedente de su entorno. Las explosiones de novas son impredecibles y los primeros en detectarlas suelen ser los aficionados a la astronomía.

¿Qué es una estrella fugaz?

En ocasiones, mientras se contempla el cielo se percibe un rastro brillante de luz que atraviesa el firmamento como un rayo láser cósmico que no dura más de un segundo, aproximadamente. Se trata de un meteoro o, según la denominación popular, de una estrella fugaz. Las estrellas fugaces no deben confundirse con satélites artificiales o con aviones de vuelo muy alto, los cuales se asemejan a estrellas en movimiento que se desplazan a un ritmo más lento.

A pesar de su nombre, las estrellas fugaces no guardan ninguna relación con las estrellas. Consisten en partículas de polvo que se desprenden de los cometas y, por lo general, no superan el tamaño de un grano de arena. Estas se precipitan dentro de la atmósfera de la Tierra a velocidades que van desde los 10 hasta los 75 km/s.

Lo que vemos es el trazo incandescente de gas caliente que se produce cuando la partícula de polvo se incinera en la atmósfera por fricción a unos 100 km de altura sobre la superficie terrestre. Los meteoros más luminosos superan el brillo aparente de las estrellas y algunos se rompen en fragmentos candentes. A veces penetran en la atmósfera trozos mucho mayores de roca y metal que llegan a alcanzar la superficie. Estos se denominan meteoritos.

A lo largo de cualquier noche despejada se aprecian a simple vista varios meteoros por hora que caen y se incineran al azar. Se los conoce como meteoros esporádicos. Pero en determinadas épocas del año, la Tierra atraviesa corrientes de polvo que yacen en la órbita de algún cometa. Entonces se producen las lluvias meteóricas, durante las cuales llegan a verse hasta 100 meteoros por hora.

Debido a un efecto de perspectiva, todos los miembros de una lluvia de meteoros parecen proceder de una pequeña zona celeste conocida como radiante. Las corrientes meteóricas reciben el nombre de la constelación donde se encuentra su radiante: las Perseidas parecen radiar de la constelación de Perseo (Perseus), las Gemínidas de Géminis (Gemini), etcétera. Las corrientes meteóricas se repiten en las mismas fechas cada año, aunque su intensidad puede variar de uno a otro. A medida que la Tierra se adentra en el enjambre de partículas va aumentando el número de meteoros que se divisa cada hora hasta que, pasados varios días, se alcanza el máximo y luego desciende hasta volver a desaparecer. Los aficionados siguen la evolución de cada lluvia contando el número de meteoros visibles y estimando su brillo.

Al observar los meteoros de una lluvia conviene no mirar directamente hacia el punto radiante, sino rastrear el cielo a unos 90° a uno de sus lados, para que la estela de los meteoros se muestre lo más larga posible. Al dorso se incluye una tabla con las principales lluvias meteóricas del año. Adviértase que el número máximo de meteoros que contiene la tercera columna solo llegará a apreciarse en condiciones de oscuridad total y cuando el punto radiante se encuentre alto en el firmamento. Si el radiante está bajo o si hay algún resplandor en el cielo (procedente, por ejemplo, de la Luna) se percibirá una cantidad de meteoros mucho menor.

¿Qué es un cometa?

Los cometas suelen confundirse con las estrellas fugaces, pero se trata de objetos bien distintos. Las estrellas fugaces aparecen como un trazo breve de luz, mientras que los cometas se asemejan a una mancha borrosa suspendida en el firmamento. El desplazamiento de un cometa con respecto al fondo de estrellas se aprecia únicamente a lo largo de un periodo de horas o de una noche a otra. Los cometas son bolas de nieve formadas de gas congelado y polvo que transitan alrededor del Sol siguendo órbitas muy elípticas y, por tanto, tardan entre varios años y muchos miles de años en completar una vuelta alrededor del mismo.

La comunidad astronómica descubre unas tres docenas de cometas cada año. Entre estos hallazgos se cuentan cometas nuevos recién descubiertos, así como re-descubrimientos de cometas ya conocidos que regresan a las regiones interiores del Sistema Solar. La mayoría de los cometas es tan tenue que su observación requiere un telescopio de grandes dimensiones. Raramente, tal vez cada diez años o así, alguno se torna tan brillante que llega a percibirse a simple vista, como ocurrió con el cometa Hale-Bopp en 1997.

Los cometas brillantes poseen una belleza imponente. Desde la cabellera luminosa se extiende una cola transparente de gas y polvo que se prolonga a lo largo de millones de kilómetros y que siempre apunta en dirección opuesta al Sol. El polvo que despide el cometa se dispersa en el

Lluvias meteóricas

Nombre de la lluvia	Fecha del máximo	Número máximo de metoros visibles en una hora (aprox.)
Cuadrántidas	3-4 de Enero	100
Líridas	21-22 de Abril	10
Eta Acuáridas	5-6 de Mayo	35
Delta Acuáridas	28-29 de Julio	20
Perseidas	12-13 de Agosto	75
Oriónidas	22 de Octubre	25
Táuridas	4 de Noviembre	10
Leónidas	17-18 de Noviembre	10
Gemínidas	13-14 de Diciembre	75

espacio y parte del mismo acaba barrido por la Tierra para presentarse en forma de meteoros.

¿Qué es un eclipse?

En los eclipses solares, la Luna pasa por delante del Sol y bloquea su luz en alguna zona de la Tierra; durante los eclipses lunares, la Luna se adentra en la sombra que la Tierra proyecta en el espacio y, por tanto, se oscurece. Los eclipses ocurren tan solo de manera ocasional, cuando el Sol, la Luna y la Tierra se alinean convenientemente. Cada año se producen al menos dos eclipses de Sol visibles desde algún lugar de la Tierra y la mayoría de la gente tiene ocasión de presenciar un eclipse de Luna cada par de años. Las notas mensuales que se incluyen en este libro enumeran los eclipses solares y lunares observables en un intervalo de cinco años (téngase en cuenta que no todos los meses hay eclipses).

Los eclipses de Sol se ven desde regiones limitadas de la Tierra. Cuando la Luna cubre el Sol por entero se habla de un eclipse total, pero los eclipses totales de Sol no duran más de varios minutos y son raros en cualquier punto de la Tierra. Los eclipses solares parciales pueden durar varias horas y se ven desde zonas mucho más extensas que los anteriores.

Los eclipses que denominamos anulares constituyen casos especiales. Tienen lugar cuando la Luna se encuentra a la máxima distancia de la Tierra, de manera que su tamaño aparente no llega a cubrir por completo el disco del Sol. En lugar de producirse un eclipse total, la Luna queda rodeada por un anillo de luz solar, al cual deben su nombre este tipo de eclipses.

En marcado contraste con la pequeña zona de visibilidad de los eclipses solares, los eclipses de Luna pueden verse desde cualquier lugar de la Tierra donde la Luna se halle sobre el horizonte. Los eclipses lunares totales pueden prolongarse durante una hora.

¿Qué es la Vía Láctea?

En noches despejadas y oscuras el firmamento aparece atravesado por una banda borrosa que los griegos llamaron Vía Láctea. Se sabe que la Vía Láctea consiste en innumerables estrellas dispuestas en una enorme estructura discoidal, la Galaxia, a la cual pertenece nuestro Sol. Las estrellas dispersas al azar en el cielo de la noche y que forman las constelaciones, se cuentan entre las más próximas a nosotros dentro de la Galaxia. Las estrellas más distantes se concentran en la tupida franja de la Vía Láctea. Por tanto, la Vía Láctea es la visión que tenemos del resto de la Galaxia desde nuestra posición en su interior. El centro de la Galaxia yace en dirección a la constelación de Sagitario (Sagittarius), donde los campos estelares de la Vía Láctea se muestran especialmente densos. El Sol se encuentra a unos dos tercios de la distancia que media entre el centro y el borde externo de la Galaxia, que ronda los 100 000 años-luz de diámetro. Fuera de los límites de la Galaxia se extiende el espacio vacío moteado por otras galaxias.

En los mapas celestes mensuales, la Vía Láctea se representa en un azul más claro. Al recorrer esta región con prismáticos o telescopios pequeños saltan a la vista brillantes campos estelares.

¿Qué es un cúmulo estelar?

En ciertos lugares, las estrellas se concentran en cúmulos que en algunos casos llegan a apreciarse a simple vista, en especial el grupo denominado las Pléyades en la constelación de Tauro (Taurus). Existen dos tipos de cúmulos estelares que se diferencian por el tipo de estrellas que los forman y por su ubicación dentro de la Galaxia. Los cúmulos abiertos consisten en agrupaciones dispersas de estrellas jóvenes que pueblan los brazos espirales de la Galaxia. Algunos cúmulos abiertos continúan rodeados por el remanente de las nubes de gas de las que surgieron. Los cúmulos abiertos pueden albergar desde un puñado de estrellas hasta varios miles.

Los cúmulos globulares, de forma esférica, tienen una naturaleza completamente distinta. En su mayoría se encuentran bien alejados del plano de la Vía Láctea y consisten en hervideros de hasta 300 000 estrellas mucho más apiñadas que las de los cúmulos abiertos. Las estrellas de los cúmulos globulares son muy viejas, tanto que entre ellas se cuentan algunas de las más antiguas que se conocen. Como estos cúmulos se hallan mucho más alejados de nosotros que los cúmulos abiertos, se aprecian más tenues. El mejor cúmulo globular que se puede observar desde el hemisferio norte es M13 en la constelación de Hércules (Hercules; véase la página 32).

¿Qué es una nebulosa?

Entre las estrellas existen vastas nubes de gas y polvo que conocemos como nebulosas, término procedente del latín *nebula* y que describe a la perfección su aspecto borroso. Se ven mejor en los cielos despejados de las zonas rurales, lejos de la polución y del alumbrado público.

Algunas nebulosas son brillantes, mientras que otras son oscuras. La nebulosa brillante más conocida está en Orión (Orion) y a simple vista se aprecia como una mancha ligeramente reluciente. La nebulosa de Orión consiste en una nube de gas a partir de la cual se están formando estrellas, y las recién nacidas que ocupan su centro iluminan el gas circundante (véase la página 12). Otras nebulosas permanecen oscuras porque aún no han surgido estrellas en su interior. Estas se tornan visibles cuando aparecen perfiladas contra un fondo muy denso de estrellas o de nebulosas brillantes. Los campos estelares de la Vía Láctea en la constelación del Cisne (Cygnus) aparecen biseccionados por una nebulosa oscura de grandes dimensiones, la Grieta del Cisne.

La muerte de las estrellas da lugar a ciertas nebulosas, entre ellas las nebulosas planetarias que, a pesar de su nombre, no guardan ninguna relación con los planetas. Este apelativo se debe a que al contemplarlas a través de telescopios pequeños, suelen asemejarse al disco de un planeta. En realidad, las nebulosas planetarias son brillantes caparazones de gas expulsados por estrellas como el Sol hacia el final de su existencia. Las estrellas mucho más masivas que el Sol mueren con explosiones violentas que esparcen flujos de gas luminoso en el espacio. El remanente más conocido de una estrella que estalló es la nebulosa del Cangrejo en la constelación de Tauro (Taurus; véase la página 56).

¿Qué es una galaxia?

Algunos objetos que a primera vista parecen nebulosas son, en realidad, sistemas estelares distantes situados fuera de nuestra Galaxia. Se trata de otras galaxias que distan muchos millones de años-luz y se encuentran dispersas como islas por todo el universo. Las galaxias más pequeñas albergan alrededor de un millón de estrellas, mientras que las más grandes cuentan con un billón de estrellas o más. Nosotros residimos en una galaxia bastante extensa que contiene un mínimo de 100 000 millones de estrellas.

Existen dos tipos fundamentales de galaxias: espirales y elípticas. Las galaxias espirales, como la nuestra, poseen brazos formados por estrellas y gas que serpentean alejándose de sus centros atestados de estrellas. Una subclase de galaxias espirales, las denominadas espirales barradas, tienen una franja de estrellas que atraviesa sus centros; los brazos espirales parten de los extremos de dicha franja. Actualmente se cree que nuestra Galaxia es una espiral barrada. Las galaxias elípticas carecen de brazos espirales. Sus formas varían desde esferas casi perfectas hasta discos lenticulares. Para sacar a la luz toda la belleza de las galaxias hay que recurrir a fotografías de tiempo de exposición largo tomadas con telescopios de gran porte. A través de prismáticos y telescopios pequeños las galaxias aparecen, en su mayoría, como meras manchas vagas de luz. Igual que las nebulosas, las galaxias se ven mejor en los cielos limpios y oscuros. La

Nomenclatura de los cúmulos estelares, las nebulosas y las galaxias

Los cúmulos estelares, las nebulosas y las galaxias suelen designarse mediante números precedidos por las letras M o NGC. La M alude a Charles Messier, un buscador de cometas francés del siglo diecinueve que recopiló una lista con más de 100 objetos de aspecto difuso que podían confundirse con cometas. En astronomía aún se usan las designaciones de Messier y los entusiastas localizan con avidez los objetos contenidos en dicha lista. En 1888 se publicó una relación mucho más exhaustiva de cúmulos estelares y objetos nebulosos que se tituló *Nuevo Catálogo General de Nebulosas y Cúmulos Estelares* y se abrevió como NGC (del inglés *New General Catalogue*). A esta última le siguieron dos suplementos que se conocen como *Catálogos Índice* o IC (del inglés *Index Catalogues*). El número total de objetos catalogados asciende a 13 000 y en su mayoría solo son accesibles con grandes telescopios. En este libro usaremos los números Messier siempre que existan, y los números NGC o IC en el resto de los casos.

gran galaxia más cercana a nosotros puede verse sin ayuda óptica en la constelación de Andrómeda (Andromeda). Se muestra como una mancha tenue y borrosa con una extensión aparente similar a la de la Luna llena (véase la página 48).

¿Cómo observar satélites artificiales?

Durante la observación casual del firmamento, a veces se distinguen objetos moderadamente luminosos, con aspecto estelar y que se desplazan de un horizonte a otro a lo largo de varios minutos. Se trata de satélites artificiales situados en órbita alrededor de la Tierra, a varios centenares de kilómetros de altura y que relucen bajo el resplandor de la luz solar. (Para confirmar que no se trata de aviones conviene mirarlos con prismáticos y comprobar que no ostentan las luces coloreadas de las aeronaves: los satélites se muestran en todo momento como simples puntos de luz blanca). Hay decenas de satélites lo bastante billantes como para observarlos a simple vista, sobre todo la estación espacial internacional (ISS), que llega a ser deslumbrante. A veces se puede contemplar incluso el transbordador espacial cerca de la ISS, cuando acude a ella en alguno de sus viajes periódicos. Las noches de verano son más propicias para la observación de satélites artificiales, porque en esos meses el Sol nunca llega a situarse muy hondo bajo el horizonte y, por tanto, los satélites que pasan por encima de nosotros reciben mejor su luz. En invierno los satélites se tornan visibles tan solo después de la puesta de Sol, o antes de su salida. A veces llega a verse cómo un satélite se desvanece a medida que surca el cielo, o cómo empieza a lucir de pronto, cuando se sumerge en la sombra proyectada por la Tierra o cuando sale de ella.

Algunos satélites van lanzando destellos a medida que se mueven, sobre todo las fases de cohetes desechados, que van dando tumbos a medida que recorren sus órbitas. Los ejemplos más extremos de artefactos espaciales que dan fogonazos los ofrecen los de la serie de telecomunicaciones *Iridium*. Estos artefactos suelen permanecer invisibles, pero en ocasiones alguna de sus antenas planas refleja especularmente la luz solar hacia el observador en un destello intenso que puede durar varios segundos.

Pueden obtenerse predicciones del paso de satélites para cualquier fecha y lugar de la Tierra en las páginas de Internet tituladas *Heavens Above*:

http://www.heavens-above.com

Cómo mirar las estrellas

Para empezar a mirar las estrellas no se precisa nada más que los ojos y un par de gemelos modestos para complementarlos. Los mapas celestes mensuales de esta obra están diseñados para observar el firmamento a simple vista. Estas cartas permiten identificar las estrellas y constelaciones visibles en cualquier época del año.

Cada constelación se trata con más detalle en el texto que acompaña a cada mapa mensual, y el estudio de los objetos que ahí se describen requiere algún tipo de ayuda óptica. Los instrumentos ópticos acumulan más luz que el ojo humano, de modo que muestran objetos más tenues a la vez que aumentan la imagen. Para fines astronómicos, suele ser más relevante la capacidad de un instrumento para captar luz que la cantidad de veces que amplía la imagen, sobre todo en el caso de los prismáticos, instrumentos de iniciación indispensables para cualquier cazador de estrellas en ciernes.

Los prismáticos suelen tener aumentos relativamente bajos, entre seis y diez, y no llegan a mostrar detalles de los planetas, pero su capacidad para captar luz permitirá contemplar muchas estrellas y nebulosas inaccesibles al ojo humano. Los prismáticos ofrecen campos de visión mucho más grandes que los telescopios y, por tanto, resultan más adecuados para mirar objetos extensos como cúmulos estelares dispersos. Aunque con posterioridad se adquiera un telescopio, los binoculares seguirán sirviendo de utilidad.

Los prismáticos portan inscripciones como 6 x 30, 8 x 40 o 10 x 50. La primera cifra indica los aumentos y la segunda equivale a la abertura de las lentes frontales expresada en milímetros. Cuanta mayor abertura, mayor captación lumínica y, en consecuencia, mayor capacidad para mostrar objetos débiles. A veces se encuentran binoculares de muchos aumentos, 12 o más, pero requieren montarlos sobre trípode para sostenerlos con firmeza.

Los telescopios se parecen más bien a los teleobjetivos, con la salvedad de que el teleobjetivo de una cámara se define por su distancia focal mientras que un telescopio se define según la abertura. Recordemos que un telescopio con una abertura de, digamos, 50 mm posee la misma capacidad de captación lumínica que un par de prismáticos de 50 mm, con la diferencia de que puede multiplicar varias veces su precio. La ventaja principal de un telescopio frente a unos gemelos estriba en su mayor capacidad de aumento.

Los telescopios más pequeños (con aberturas de hasta 75 mm) son de tipo refractor, como un catalejo, a través de los cuales se observa en línea recta. Los telescopios más grandes (con aberturas de 100 mm en adelante) suelen ser reflectores, es decir, los espejos interiores acumulan la luz y la proyectan en un ocular. Los reflectores son más económicos que los refractores a la hora de fabricar telescopios de gran porte y, por lo general, tienen la ventaja añadida de contar con tubos más cortos. Una tercera categoría de telescopios la conforman los catadióptricos, que combinan lentes y espejos y son cada vez más frecuentes. Pueden considerarse una variante de los reflectores. Su ventaja principal radica en que son muy compactos y fáciles de transportar, aunque sean más caros que los reflectores normales, sobre todo los que van equipados con sistemas informáticos de control para localizar los cuerpos celestes.

El uso de telescopios evidencia el problema de la inestabilidad atmosférica. Las corrientes turbulentas de aire muestran las imágenes de las estrellas o los planetas como si hirvieran y brincaran, limitando así la cantidad de detalles distinguibles, en especial, al usar grandes aumentos. El grado de estabilidad de la atmósfera se conoce como visibilidad *(seeing)* y experimenta cambios notables de una noche a otra. Se aprecian más detalles cuando se observa con telescopio en noches de atmósfera encalmada (o sea, con buena visibilidad o buen *seeing*).

Los telescopios cuentan con oculares intercambiables que ofrecen todo un rango de aumentos. Los aumentos grandes son útiles para estudiar detalles menudos en los planetas o para separar dos componentes muy juntas de una estrella doble. En cambio, por muchos aumentos que se empleen con un telescopio pequeño, este nunca mostrará tantos detalles como uno de gran porte. De hecho, si un telescopio se usa con demasiada potencia, la imagen se tornará tan borrosa que acabará viéndose peor que con menos aumentos. Un buen principio práctico consiste en mantener un máximo de 20 aumentos por cada 10 mm de abertura. No deben tentarnos los telescopios pequeños que ofrecen potencias de varios cientos de aumentos porque en la práctica resultarán inservibles. La mayoría de los objetos mencionados en esta guía se divisa con telescopios de 100 mm de abertura o menos, y aumentos bajos o intermedios.

Para terminar, conviene asegurarse de ir bien abrigados a las sesiones de observación al aire libre, incluso aunque la tarde haya sido suave. Para observar a simple vista o con prismáticos hay que sentarse en una butaca reclinable, o en una hamaca de las que se usan para tomar el sol. Cuando se observa en una postura cómoda se distinguen más cosas que si se hace en posiciones forzadas.

Cómo usar los mapas de este libro

Esta obra contiene doce mapas, uno para cada mes, que pueden utilizarse cualquier año. En ellos se reproduce todo el firmamento visible entre las latitudes 30° norte y 60° norte y en determinados momentos de la noche idóneos para la observación astronómica. Para entender las cartas hay que imaginar el firmamento nocturno como una bóveda suspendida sobre nuestras cabezas. Así, los mapas son una representación plana de dicha bóveda. Se ha elegido un tipo de proyección cartográfica que minimiza la distorsión de las constelaciones al plasmarlas sobre un plano. Al mirar a las alturas hay que imaginarse que los mapas estuvieran adheridos a la bóveda celeste, curvándose desde el centro hacia los bordes hasta rodearnos por todas partes.

Para consultar los mapas hay que orientarlos de modo que el punto cardinal indicado en el margen de los mismos (norte, sur, este u oeste) coincida con la dirección en la que se observa. En tal posición, cada mapa muestra el aspecto del cielo a las 22:00 horas de los días centrales de cada mes. El firmamento lucirá idéntico a las 23:00 horas a principios del mes y a las 21:00 horas a finales del mes. (Repárese en que hay que añadir una hora a estas referencias temporales cuando rija el horario de verano, el cual se indica como H.verano en la leyenda de los mapas.) Al pie de cada mapa mensual consta una tabla que indica las horas a las que el cielo mostrará este mismo aspecto en otros meses.

Si se desea observar a una hora distinta a las indicadas en la tabla, habrá que tener en cuenta el cambio de aspecto que va tomando el cielo debido a la rotación de la Tierra, la cual gira 15° cada hora. Cuando el momento de observación difiera en dos horas justas de la hora indicada en el mapa, habrá que cambiar de mapa: por cada dos horas de diferencia, hay que avanzar o retroceder un mapa. Si se consultan las tablas que figuran al pie de las cartas celestes veremos que, por ejemplo, el cielo de las 10 de la noche de mediados de mayo es el mismo que el de mediados de enero a las 6 de la madrugada.

Será imprescindible cambiar de mapa para saber cuándo se harán visibles los planetas si estos se hallan en constelaciones situadas bajo el horizonte a las 22:00 horas de un mes concreto. Por ejemplo, si en enero un planeta se encuentra en Sagitario (Sagittarius), tendremos que avanzar cuatro mapas (ocho horas) para encontrar la carta en la que Sagitario asoma por primera vez sobre el horizonte (el mapa de mayo). De la información contenida en las tablas se infiere que ni Sagitario ni el planeta en cuestión aparecerán en el cielo de enero hasta casi el amanecer.

En los mapas se han señalado cuatro horizontes, a saber, para observaciones desde 30°, 40°, 50° y 60° de latitud norte. No debería resultar difícil deducir en los mapas dónde cae el horizonte para una latitud arbitraria. Las cartas se pueden utilizar desde cualquier lugar situado entre las latitudes 30° y 60° norte. Además, hasta una diferencia de 10° con ambos límites, no se aprecia demasiada discrepancia entre lo que muestran los mapas y el aspecto del cielo. Nótese que cada latitud de observación influye en qué estrellas son visibles.

Los mapas mensuales de todo el cielo indican las estrellas más brillantes, hasta magnitud 5.0, y reproducen el firmamento de forma realista, tal como se divisa a simple vista en una noche de nitidez media. Los mapas dedicados a constelaciones concretas incluyen estrellas hasta magnitud 6.5, así como otras estrellas escogidas más tenues y numerosos objetos de interés para observar con prismáticos y telescopios pequeños.

Proporciones en el cielo

Una de las dificultades que presenta la adaptación de los mapas de un libro al aspecto del cielo real, estriba en las proporciones. La mayoría de la gente sobreestima el tamaño aparente de los objetos en el firmamento. Por ejemplo, puede comprobarse que la Luna llena, que mide medio grado de diámetro aparente, queda cubierta con el grueso de un lápiz al sostenerlo con el brazo extendido (¡pruebe a hacerlo!). La palma de la mano con el brazo extendido tapa las estrellas principales de Orión (Orion) y la mano entera cubre la mayoría de las estrellas del Carro. Una mano extendida en vertical mide unos 14° desde la muñeca hasta la punta de los dedos.

¿Cómo estimar si una constelación determinada cubre un área extensa o reducida del cielo? El ancho de un puño con el brazo extendido sirve como referencia ideal de distancias, ya que subtiende unos 7°. En cada mapa detallado de las constelaciones se ha dibujado el perfil de un puño para que sirva de guía al estimar las dimensiones aparentes de los objetos celestes. En caso de tener una mano especialmente grande o pequeña, esta referencia no será exacta, pero seguirá sirviendo de orientación para calcular las dimensiones de la constelación que se busca.

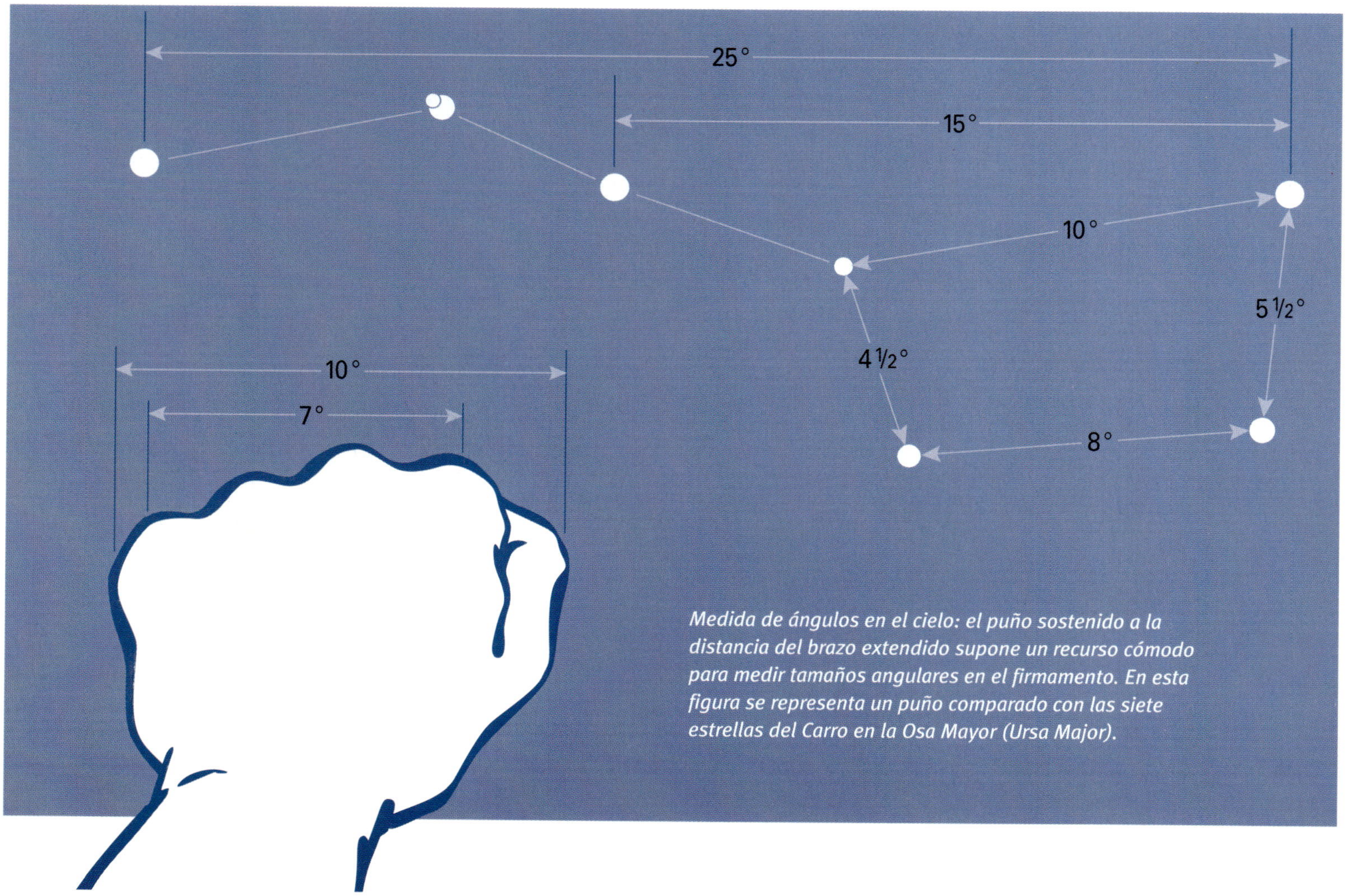

Medida de ángulos en el cielo: el puño sostenido a la distancia del brazo extendido supone un recurso cómodo para medir tamaños angulares en el firmamento. En esta figura se representa un puño comparado con las siete estrellas del Carro en la Osa Mayor (Ursa Major).

Cómo cambia el cielo con el paso de las estaciones

El cielo es como un reloj y un calendario. Cambia de aspecto en el transcurso de cada noche y también a lo largo de las estaciones del año. Observemos, por ejemplo, estos diagramas de la zona que comprende el polo norte celeste. A las 22:00 horas de principios de año, la figura que forman las siete estrellas conocidas como el Carro o la Osa Mayor (Ursa Major) aparece con el pértigo del supuesto carro hacia abajo a la derecha de la estrella Polar (Polaris), la estrella que señala el polo norte. Tres meses más tarde y a la misma hora de la noche, el Carro se encuentra alto en el cielo, casi en la vertical, mientras que la constelación en forma de uve doble, Casiopea (Cassiopeia), yace baja sobre el horizonte septentrional. Hacia julio, el carro luce a la izquierda de la Polar. A las 22:00 horas de las noches de octubre, el Carro roza el horizonte septentrional, mientras que Casiopea se alza alta en el firmamento. Tres meses después, las estrellas vuelven a la posición de la primera figura e inician un nuevo ciclo anual.

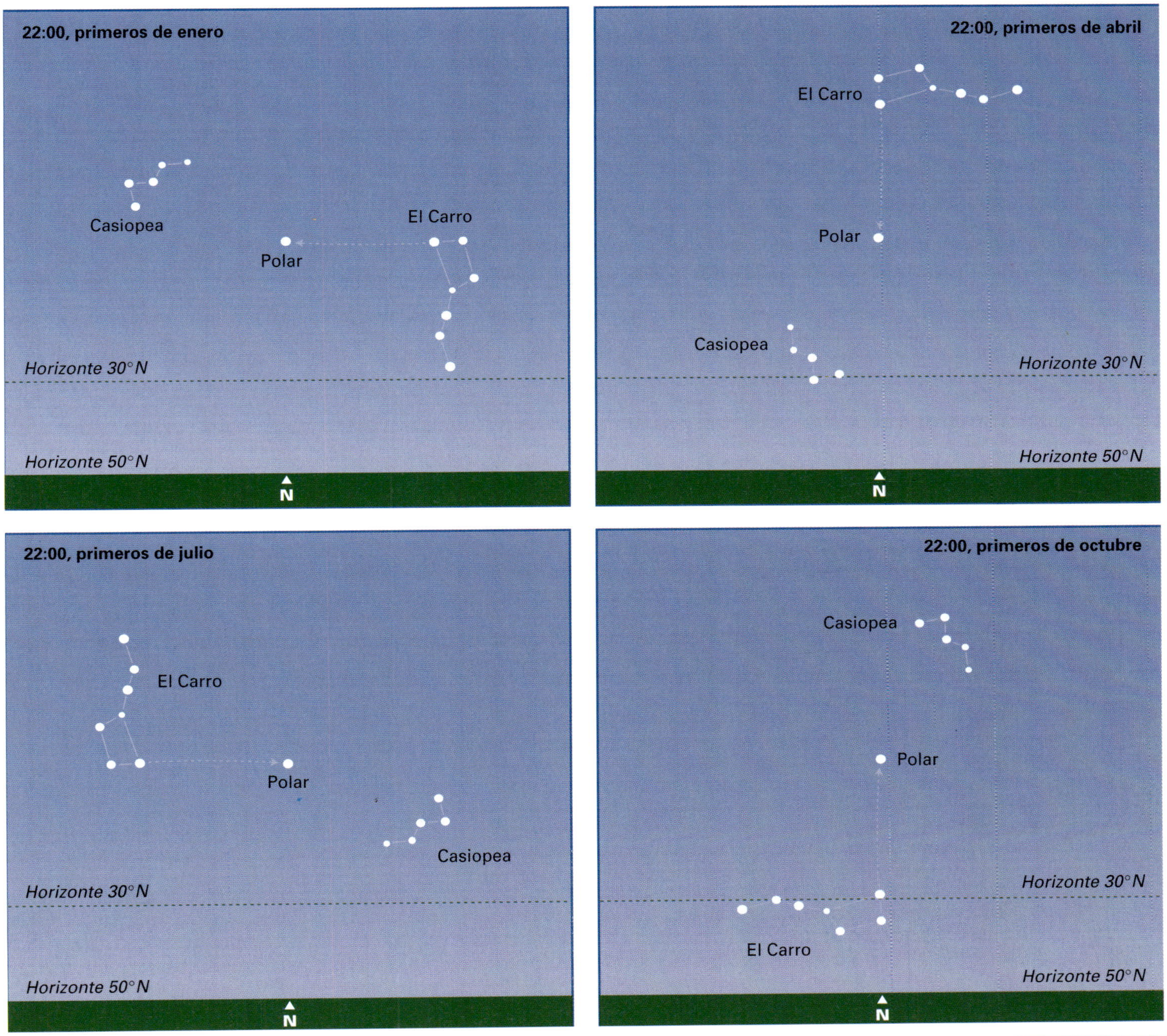

Alfabeto Griego

α .... alfa	η .... eta	ν .... ni	τ .... tau
β .... beta	θ .... zeta	ξ xi	υ .... ípsilon
γ .... gamma	ι .... iota	ο .... ómicron	φ .... fi
δ .... delta	κ .... cappa	π .... pi	χ .... ji
ε .... épsilon	λ .... lambda	ρ .... ro	ψ .... psi
ζ .... dseda	μ .... mi	σ .... sigma	ω .... omega

Cómo orientarse

Para orientarse en un territorio desconocido se precisa un mapa e indicadores que sirvan de referencia. Este libro proporciona los mapas. Los indicadores están ya en el cielo, si se sabe hacia dónde mirar. Conviene empezar por una figura fácil de reconocer, como el Carro en primavera u Orión (Orion) en invierno, y orientarse a partir de ella para localizar otras constelaciones y estrellas brillantes saltando de una a otra. Al hacerlo por todo el firmamento, se comprueba que hay muchos «punteros» naturales que sirven de guía para pasar de una constelación a otra. Además, las estrellas brillantes suelen formar alineaciones, triángulos y cuadrados llamativos que también pueden recordarse. Las cuatro cartas de estas páginas muestran algunas de las mejores vías para ubicar estrellas y constelaciones destacadas en cada estación del año. A medida que cada cual recorra su camino entre las estrellas irá descubriendo por sí mismo muchos más puntos de referencia.

Puntos de referencia en primavera

Conviene partir del Carro u Osa Mayor, una figura que nos es muy familiar y luce alta en el firmamento de las tardes vernales. Las siete estrellas que forman el Carro son, en realidad, los astros más destacados de la constelación de la Osa Mayor (Ursa Major). En la ilustración se ve que dos estrellas del Carro (las dos más alejadas del pértigo) apuntan hacia la estrella que señala el norte, la Polar (Polaris). Estas dos estrellas del Carro se conocen popularmente como los Punteros y prolongando unas cinco veces la distancia aparente que las separa se llegará a la estrella Polar. Prolongando la línea una distancia similar más allá de la Polar alejándose aún más del Carro yacen cinco estrellas que forman una uve doble bastante destacada, la constelación de Casiopea (Cassiopeia).

La Polar es una estrella de brillo moderado situada en una zona algo vacía. No cae con exactitud en el polo norte celeste sino que dista de él alrededor de un grado (dos diámetros lunares). A lo largo de la noche los astros parecen girar alrededor del polo norte celeste (y, por tanto, alrededor de la Polar) a medida que la Tierra rota en torno a su eje.

Volvamos al Carro. Prolongando la línea de los Punteros en dirección opuesta a la Polar, se llega a la constelación de Leo, la cual se caracteriza por la hoz que dibujan sus estrellas, como un signo de interrogación invertido, y que conforma la cabeza del león.

Observemos ahora el pértigo del Carro y sigamos la curva de las estrellas que lo forman hasta llegar a Arturo (Arcturus), una de las estrellas más brillantes del firmamento. Prolongando la curva más allá de esta última toparemos con la rutilante estrella Espiga (Spica), perteneciente a la constelación de Virgo. Nótese que Arturo y Espiga forman un triángulo destacado con Régulo (Regulus), la estrella más brillante de Leo.

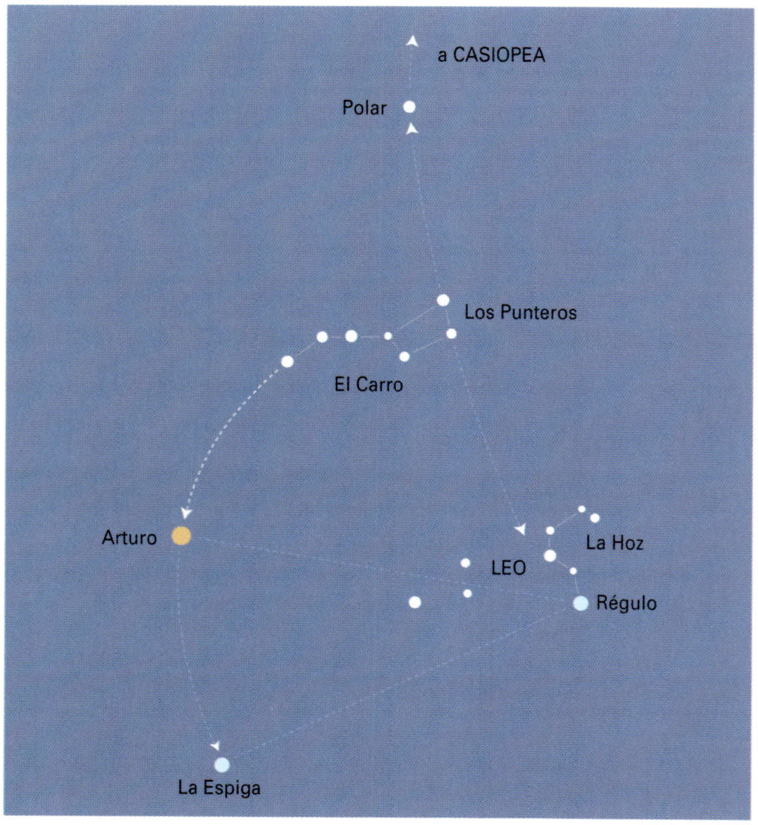

Puntos de referencia en verano

En lo más alto del firmamento de las tardes estivales luce un triángulo isósceles formado por tres estrellas brillantes que se conoce como el Triángulo del Verano. Se trata de Vega, Altair y Deneb, en orden de brillo decreciente. Vega es la primera estrella que luce en el firmamento cuando se va oscureciendo a la caída de las tardes de julio y agosto, justo en la vertical, como un diamante blanquiazul.

Deneb es la estrella más destacada del Cisne (Cygnus), una constelación que representa un cisne pero que se distingue mejor como una cruz, tal como muestra el diagrama de esta página. Deneb señala la cabecera de la cruz. El pie de la misma intersecta una línea imaginaria entre Vega y Altair, y apunta hacia la brillante Antares, que lucirá baja sobre el horizonte al observarla desde latitudes boreales medias. Antares se encuentra justo en el sur a medida que cae el crepúsculo en julio, tiene un color rojo acusado y representa el corazón del Escorpión (Scorpius).

La línea que une Vega con Deneb conduce directamente al cuadrado de Pegaso, un cuadrángulo formado por cuatro estrellas que conforma el asterismo central del cielo del otoño. Exceptuando el Triángulo del Verano, el cielo estival aparece bastante vacío de asterismos destacados. Por cierto que, a pesar de su nombre, el Triángulo del Verano continúa viéndose con claridad durante el otoño.

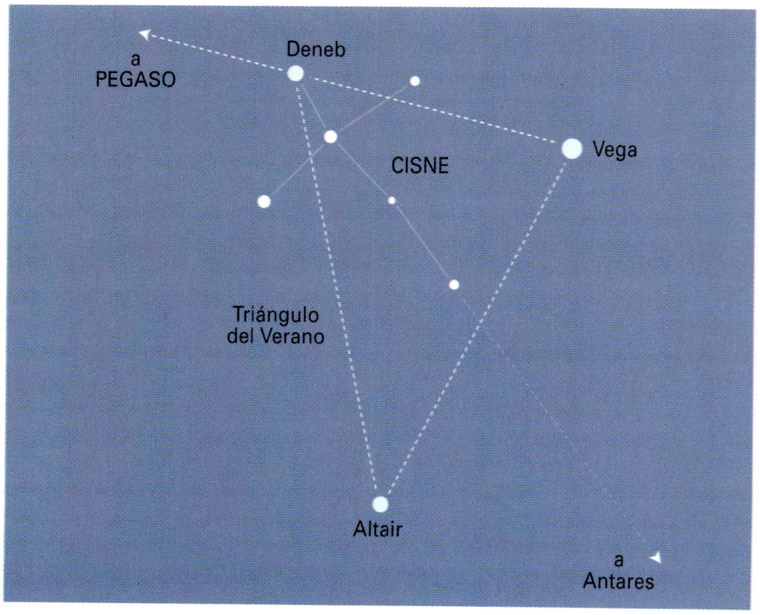

Puntos de referencia en otoño

A medida que el Triángulo del Verano se desplaza hacia el oeste en las tardes otoñales, el cuadrado de Pegaso va ocupando una posición central. El cuadrado luce alto hacia el sur a las 22:00 horas de mediados de octubre, a las 20:00 horas de mediados de noviembre y a las 18:00 horas a mediados de diciembre. Las cuatro estrellas que determinan los vértices del cuadrado presentan un brillo moderado y ocupan una zona celeste casi completamente vacía de estrellas apreciables a simple vista.

El cuadrado de Pegaso es como una piedra angular en el cielo del otoño a partir del cual se pueden localizar muchas estrellas y constelaciones circundantes. Hacia la derecha superior del cuadrado yace Deneb y el resto del Triángulo del Verano. Entre el cuadrado y la estrella Polar se encuentra la constelación con forma de uve doble, Casiopea (Cassiopeia). Tal como muestra la figura de la derecha, la prolongación hacia arriba del lado izquierdo del cuadrado pasa por un extremo de la uve doble de Casiopea y llega hasta la Polar. También cabe la posibilidad de guiarse a la inversa de dicha línea llevándola desde la Polar hacia Casiopea hasta encontrar el gran cuadrado. La prolongación hacia abajo del lado derecho del cuadrado conduce hasta Fomalhaut, una estrella brillante de la constelación del Pez Austral (Piscis Austrinus) pero a menudo difícil de ver desde latitudes boreales medias debido a su proximidad al horizonte.

Observemos ahora Casiopea, situada alta en nuestra vertical. La prolongación de la línea que une los puntos más elevados de la uve doble apunta a Capella, una de las estrellas más llamativas del cielo del invierno.

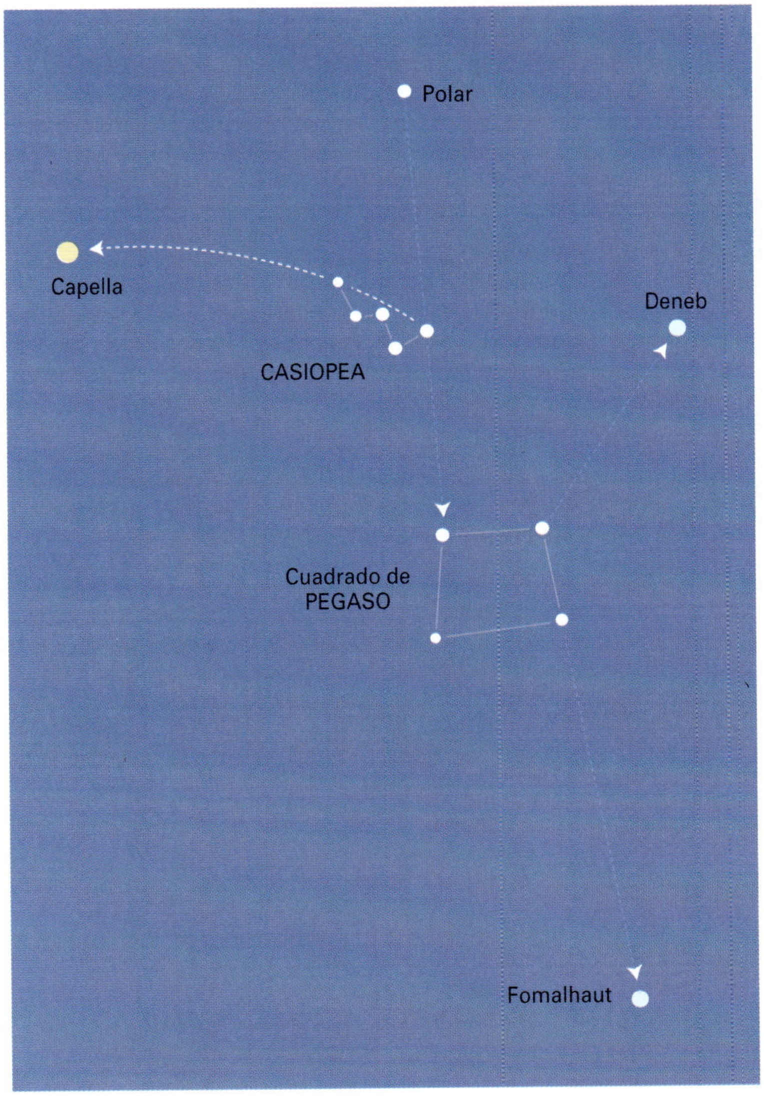

Puntos de referencia en invierno

El cielo del invierno es más rico en estrellas brillantes que el de cualquier otra estación del año. La joya de la corona del invierno es la estrella más luminosa de todo el firmamento, Sirio (Sirius). Este astro luce justo hacia el sur a medianoche de principios de enero, a las 22:00 horas a principios de febrero y a las 20:00 horas a comienzos de marzo. Sirio se halla en el vértice sur del Triángulo del Invierno, el cual completan las brillantes Proción (Procyon), en el extremo superior izquierdo, y Betelgueuse (Betelgeuse), en el vértice superior derecho.

Betelgueuse señala el extremo superior izquierdo del rectángulo que forma la constelación de Orión (Orion), la más fácil de reconocer en el cielo del invierno. En el extremo inferior derecho del rectángulo de Orión se encuentra Rigel, algo más brillante que Betelgueuse. El rectángulo lo completan dos astros más tenues. La parte central de esta constelación aparece atravesada por tres estrellas que forman el cinturón de Orión.

A la derecha y por encima de Orión luce otra estrella destacada, Aldebarán (Aldebaran), que representa el ojo fulgurante del Toro (Taurus). Aldebarán tiene un brillo similar a Betelgueuse y ambas muestran una acusada tonalidad naranja. Si se prolonga la línea que va desde Orión hasta Aldebarán se llega a un grupo de estrellas de aspecto difuso llamado las Pléyades, un cúmulo estelar que se aprecia bien con prismáticos.

Encima de Orión, casi directamente entre esta constelación y el polo norte celeste, se halla la estrella brillante Capella. A la izquierda superior de Orión, encima del Triángulo del Invierno, luce la célebre pareja estelar Cástor (Castor) y Pólux (Pollux), los gemelos celestes de la constelación de Géminis (Gemini). Más al este de Cástor, Pólux y Proción se encuentra Leo, el León, el cual vuelve a introducirnos en el cielo de la primavera.

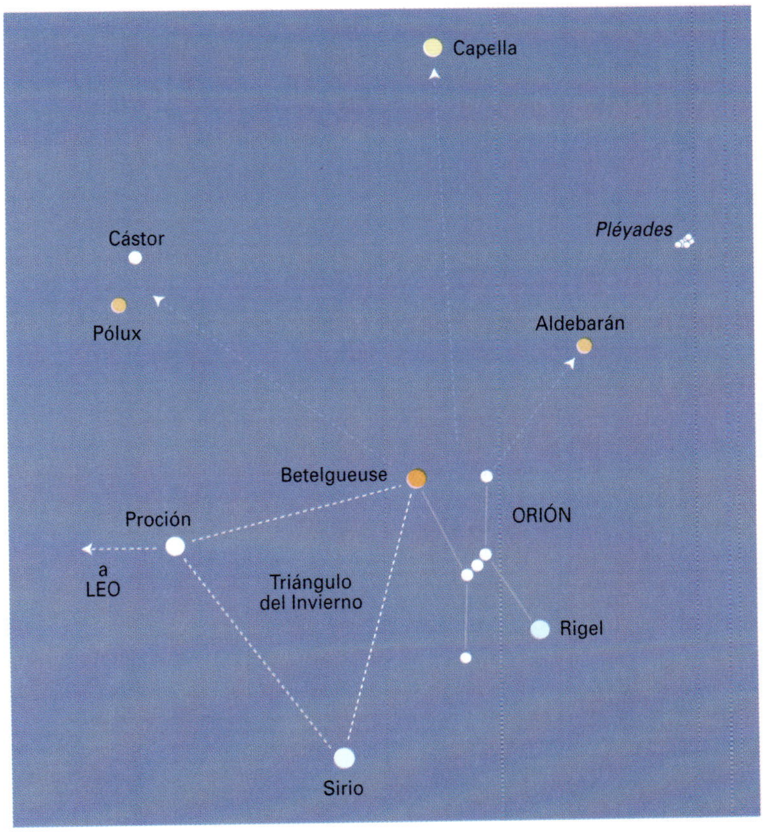

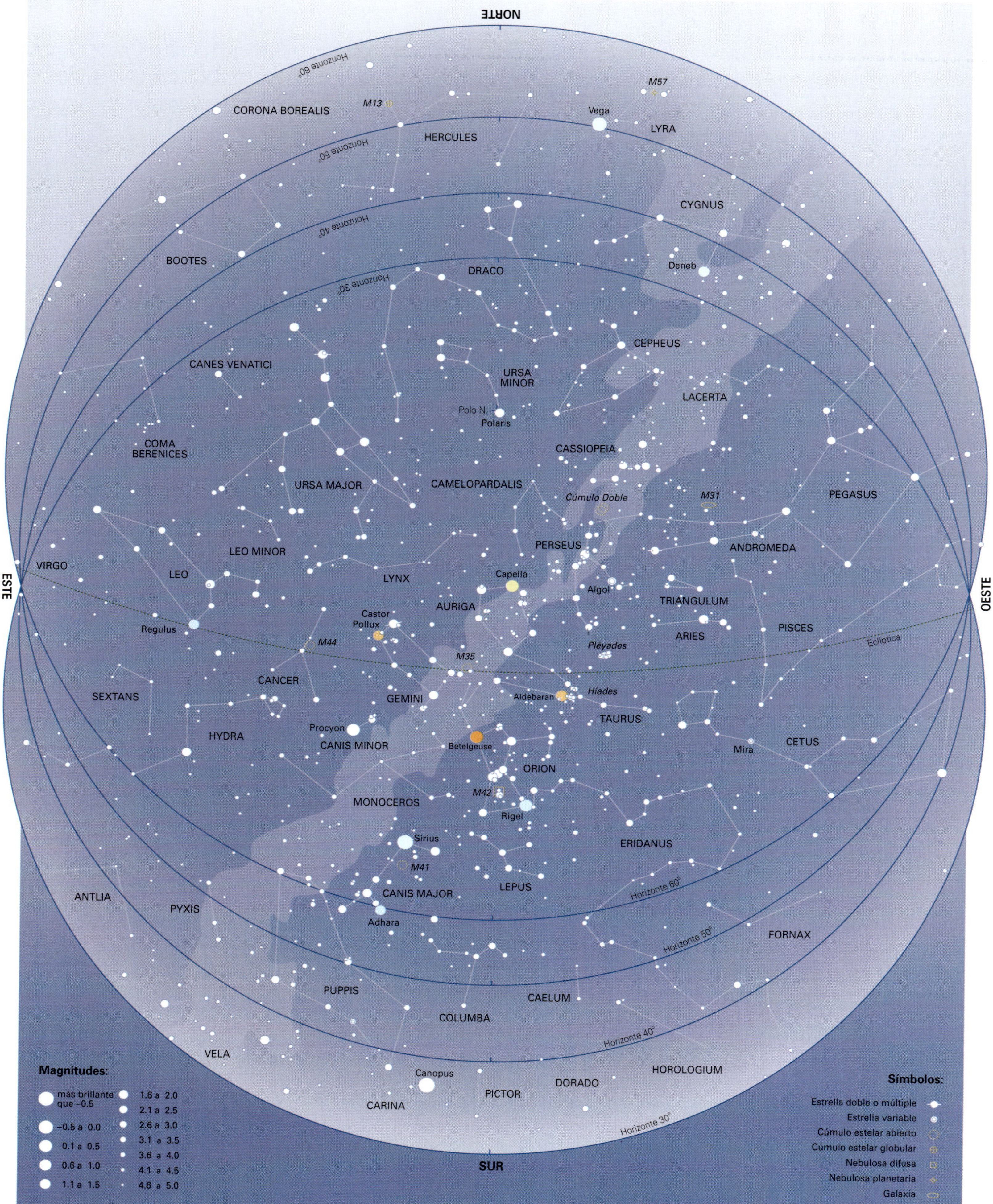

Fecha	OCTUBRE		NOVIEMBRE		DICIEMBRE		**ENERO**		FEBRERO
Hora	4 a.m.	3 a.m.	2 a.m.	1 a.m.	medianoche	**11 p.m.**	**10 p.m.**	**9 p.m.**	8 p.m.
H. verano	5 a.m.	4 a.m.	3 a.m.	2 a.m.	1 a.m.	**medianoche**	**11 p.m.**	**10 p.m.**	9 p.m.

Enero

Estrellas de referencia

Sirio (Sirius), la joya del cielo del invierno, refulge brillante hacia el sur a lo largo de este mes. Esta estrella yace baja en el firmamento al observarla desde latitudes boreales muy septentrionales y a menudo parece destellar con multitud de colores debido a la refracción que sufre su luz al atravesar la atmósfera terrestre. Sirio forma un vértice del Triángulo del Invierno, el cual completan la rojiza Betelgueuse (Betelgeuse), en el extremo superior derecho, y la blanca Proción, arriba y a la izquierda. Capella aparece justo en la vertical durante este mes a las 22:00 horas al observar desde latitudes boreales medias. Desde latitudes inferiores a 37° norte se llega a ver Canopo (Canopus) justo al sur a las 22:00 horas, debajo de Sirio. (Canopo queda bajo el horizonte en latitudes más septentrionales).

Los planetas durante este mes

Venus

2003 En el sudeste del cielo matutino, desplazándose desde Libra hasta Ofiuco (Ophiuchus) a través de Sagitario (Sagittarius). Alcanza la mayor separación del Sol (máxima elongación) de 47° el 11 de enero con magnitud −4.4.

2004 Destacará en el cielo matituno con magnitud −4.0, desplazándose desde Capricornio (Capricornus) hasta Acuario.

2005 Bajo hacia el sudeste, en el cielo de la aurora, a principios de mes, próximo al escurridizo Mercurio (mag. −0.3). Los dos planetas se pierden en el crepúsculo al avanzar el mes.

2006 Se pierde rápidamente en el crepúsculo vespertino al comenzar el mes. Reaparece por en el cielo de la mañana por el este, con mag. −4.4, en la última semana de enero.

2007 Según avanza el mes va emergiendo del crepúsculo de la tarde y se distingue bajo, en el cielo de poniente.

Marte

2003 Objeto matutino desplazándose desde Libra hasta Escorpio (Scorpius).

2004 Objeto vespertino en Piscis con una magnitud aproximada de 0.5.

2005 En el cielo del alba, hacia el sudeste, entre las constelaciones de Escorpio y Sagitario (Sagittarius).

2006 En Aries, debilitándose hasta alcanzar magnitud 0.1 a fin de mes.

2007 A lo largo del mes aparece en el cielo del amanecer, bajo hacia el sudeste.

Júpiter

2003 Visible a lo largo de toda la noche en Cáncer (Cancer) con magnitud −2.6.

2004 Casi estacionario en Leo con magnitud −2.3.

2005 Estacionario en Virgo con magnitud −2.1.

2006 Objeto matutino en Libra.

2007 En el cielo de la madrugada, hacia el sudeste, en la región meridional de Ofiuco (Ophiuchus).

Saturno

2003 En Tauro con magnitud −0.3.

2004 Visible toda la noche en Géminis con magnitud −0.4.

2005 Visible durante toda la noche en Géminis con magnitud −0.4. En oposición (hacia el sur a medianoche) el 13 de enero, a 1208 millones de kilómetros de la Tierra.

2006 Visible durante toda la noche en Cáncer (Cancer) cerca del cúmulo estelar del Pesebre. En oposición (hacia el sur a medianoche) el 27 de enero, con magnitud −0.2, a 1216 millones de kilómetros de la Tierra.

2007 Visible durante la mayor parte de la noche en Leo con magnitud 0.1.

Meteoros de enero

La lluvia meteórica más abundante del año, las Cuadrántidas, se produce durante los días 3 y 4 de enero. Su periodo de máxima actividad solo dura algunas horas, de ahí que sea mucho más pronunciado que el de la mayoría de las lluvias meteóricas. En condiciones óptimas pueden verse más de 100 cuadrántidas cada hora, si bien los meteoros de esta corriente no son tan brillantes como los de otros eventos similares, como las Perseidas o las Gemínidas. Las Cuadrántidas radian desde la parte septentrional de la constelación del Boyero (Bootes), cerca del pértigo del Carro. Esta parte del cielo la ocupaba en otros tiempos la constelación, ya inexistente, del Cuadrante Mural, Quadrans Muralis, la cual dio nombre a esta corriente. Por desgracia, esta zona celeste no se encuentra bien situada para observarla antes de que pase la medianoche, de modo que quienes deseen observar las Cuadrántidas deberán prepararse para aguantar las pocas horas que queden hasta el amanecer para ver la lluvia en todo su esplendor. El cuerpo del que procede esta lluvia no se conoce con certeza, pero podría tratarse del cometa Machholz 1, que se descubrió en 1986 y tarda cinco años en orbitar el Sol.

Orión (Orion)

Orión (Orion) es la más espléndida de las constelaciones. Luce con estrellas brillantes y está colmada de objetos interesantes para observar con todo tipo de equipamiento óptico, incluidos los prismáticos más humildes. Se trata de una zona ideal para iniciar un recorrido anual por el firmamento.

Orión se ha personificado popularmente como un cazador, un gigante o un guerrero. En mapas celestes antiguos se lo representa blandiendo un garrote y un escudo contra la carga enojada del vecino Tauro (Taurus), el Toro. Según la mitología griega, Orión era hijo de Poseidón y en justo castigo por su jactancia murió por la picadura de un escorpión. A petición de su amada, Ártemis, Orión recibió un lugar en el cielo de tal modo que se oculta por el oeste cuando su verdugo, convertido en la constelación de Escorpio, el Escorpión (Scorpius) sale por el este. En otra versión, Orión se prendó de la belleza de las siete ninfas conocidas como las Pléyades y empezó a perseguirlas. Para salvar a las ninfas, Ártemis las transformó en un cúmulo estelar. El cúmulo de las Pléyades se encuentra en la constelación vecina de Tauro y parece que Orión continuara su persecución en su camino nocturno por el firmamento.

Orión es una de las constelaciones más fáciles de reconocer, ya que se encuentra justo al sur a las 22:00 horas durante este mes. En primer lugar conviene localizar alfa (α) Orionis, más conocida como Betelgueuse (Betelgeuse), en el extremo superior izquierdo de la constelación. Adviértase su manifiesto color anaranjado, más patente al contemplarla a través de prismáticos. Betelgueuse representa el hombro derecho de Orión y su nombre se ha traducido a menudo erróneamente como «axila del que se encuentra en el centro» pero, en realidad, su designación árabe original significa «mano de Orión».

Betelgueuse pertenece a la clase estelar de las supergigantes rojas. Es inmensa (con un diámetro más de 500 veces mayor que el del Sol, suficiente para abarcar hasta la órbita de Júpiter) y fluctúa de tamaño, acusando cambios impredecibles de brillo entre las magnitudes 0 y 1.3, si bien por lo general ronda la magnitud 0.5. Los cambios del brillo de Betelgueuse se pueden seguir comparándolo de vez en cuando con el de otras estrellas, sobre todo el de Aldebarán (Aldebaran) y Capella. En el pasado se han dado diversas estimaciones sobre la distancia de Betelgueuse, pero los cálculos precisos recién obtenidos por el satélite Hipparcos la sitúan a 430 años-luz de distancia, más cerca que ninguna otra estrella brillante de Orión.

Compárese Betelgueuse con Rigel, la estrella blanquiazulada que ocupa el extremo inferior derecho de la constelación. Rigel representa la pierna izquierda de Orión y, por tanto, no sorprende que su nombre proceda de la designación árabe para «pierna izquierda». Rigel, también conocida como beta (β) Orionis, es la estrella más brillante de Orión, con magnitud 0.2. En este caso se trata asimismo de una supergigante, pero de superficie mucho más caliente, lo cual le confiere un color distinto al de Betelgueuse. La temperatura de la superficie de Rigel es de 12 000 kelvin (K), mientras que la de Betelgueuse es de 3600 K, relativamente fría. Rigel dista de nosostros unos 770 años-luz, casi el doble que Betelgueuse.

Rigel debe observarse con detenimiento por otra razón: es una estrella doble. Su estrella compañera tiene magnitud 6.8 y resulta difícil de ver con los telescopios más pequeños debido al resplandor de la propia Rigel. La abertura necesaria para identificar esta compañera dependerá de la estabilidad de la atmósfera y de la altura a la que se halle Rigel sobre el horizonte. Es probable que se precise un mínimo de 75 mm de abertura, pero el único modo de asegurarse consiste en salir y comprobarlo personalmente.

Un rasgo distintivo de Orión lo conforma una línea de tres estrellas brillantes que representa su cinturón: delta (δ) Orionis, épsilon (ε) Orionis y dseda (ζ) Orionis. Todas son de segunda magnitud y distan del Sol entre 800 y 1400 años-luz. Delta Orionis cuenta con una compañera apartada de séptima magnitud fácil de divisar con telescopios modestos. Dseda Orionis, en el extremo izquierdo del cinturón, es una doble que servirá para poner a prueba los telescopios de aficionado. Su compañera, de cuarta magnitud, mantiene con ella una separación de 2.3 segundos de arco; las estrellas con esta separación deberían resolverse en general con una abertura de 50 mm, pero la diferencia de brillo que existe entre estas dos exige un mínimo de 75 mm de abertura para separarlas, además de una noche con visibilidad buena.

Desde dseda Orionis se extiende hacia el sur una banda de nebulosidad apenas perceptible conocida como IC 434. A un lado de ella se encuentra la célebre nebulosa de la Cabeza de Caballo, consistente en una nube de polvo oscuro que destaca contra un fondo de gas hidrógeno brillante. Por desgracia, la Cabeza de Caballo es casi imposible de ver hasta con telescopios de gran porte, pero en fotografías de exposición larga se revela con claridad como una pieza celeste de ajedrez.

El examen de los tesoros estelares de Orión quedaría incompleto sin echar una ojeada a sigma (σ) Orionis, situada debajo de la estrella más oriental del cinturón. A simple vista, sigma Orionis aparece como una estrella corriente de cuarta magnitud, pero un telescopio pequeño revela que se halla flanqueada por tres estrellas más débiles, como si se tratara de un planeta y sus lunas. En el mismo campo de visión puede apreciarse una estrella triple, Struve 761, consistente en un triángulo reducido de estrellas de octava y novena magnitud. Esta rica vista telescópica constituye uno de los encantos inesperados de Orión.

Parte de la importancia de Orión estriba en que la mayoría de sus estrellas yacen en una región de nuestro brazo espiral local de la Galaxia, donde continúan naciendo estrellas. El centro de formación estelar en esta región radica en la nebulosa de Orión, situada a 1500 años-luz de distancia y con el aspecto de una mancha nubosa al contemplarla a simple vista. Representa la espada colgada del cinturón de Orión (véase el cuadro inferior).

Las fotografías en color muestran la nebulosa de Orión como una mezcolanza amarilla y roja, aunque el ojo humano la detecta de color verdoso. Esto se debe a la diferencia de sensibilidad de color entre el ojo y la película polícroma. El color verdoso que detecta el ojo procede de los átomos de oxígeno ionizado, mientras que la película en color detecta mejor la emisión roja del hidrógeno gaseoso que conforma la mayor parte de la nebulosa de Orión y otras similares. En realidad, las fotografías ofrecen una idea mejor que el ojo humano sobre el verdadero color de la nebulosa.

La nebulosa de Orión cuenta con un diámetro aproximado de 20 años-luz y contiene gas suficiente para generar miles de estrellas. Si pudiéramos retrasar el reloj 5000 millones de años hasta remontarnos al nacimiento del Sol, nuestra región del espacio ofrecería un aspecto muy similar al de la nebulosa de Orión.

La Nebulosa de Orión

La nebulosa de Orión es una nube luminosa de gas, el objeto más imponente de su clase en todo el firmamento, también conocido como M42 y NGC 1976. Espirales de gas brillante y fantasmal llegan a cubrir hasta un grado de cielo, el doble del diámetro aparente de la Luna llena, ofreciendo una imagen que no debemos perdernos a través de cualquier instrumento óptico. Al norte de ella hay otra mancha de menor tamaño, M43, llamada NGC 1982, que en realidad forma parte de la misma nube. Dada la gran extensión de la nebulosa, los prismáticos resultan excelentes para observarla. Incrustada en el centro de la nebulosa luce una estrella de quinta magnitud, zeta-1 (θ^1) Orionis. Esta estrella nació hace poco a partir del gas circundante y es ella la que ilumina la nebulosa. Al apuntar directamente hacia zeta-1 Orionis se sabrá por qué se la conoce popularmente como el Trapecio: consiste en cuatro estrellas de magnitudes 5.1, 6.7, 6.7 y 8.0, dispuestas de forma rectangular. El Trapecio se encuentra casi en el extremo de un entrante oscuro de la nebulosa que se conoce como la Boca del Pez o Boca del Lobo. En la parte inferior izquierda del Trapecio, los prismáticos muestran la estrella zeta-2 (θ^2) Orionis, una doble muy separada con componentes de magnitud 5.0 y 6.4.

Toda esta zona es un complejo de nebulosidad y estrellas jóvenes y calientes que en su conjunto forman la espada de Orión. En el extremo de la espada, en el borde meridional de la nebulosa de Orión, se encuentra iota (ι) Orionis, la estrella más brillante de la espada. Iota Orionis es una gigante caliente y blanquiazul de tercera magnitud con una compañera de séptima magnitud visible a través de telescopios pequeños. A la derecha inferior de iota Orionis radica Struve 747, un par de estrellas blancas, de magnitudes quinta y sexta, fácil de separar con telescopios pequeños. Encima de la nebulosa de Orión hay una mancha más pequeña de nebulosidad, NGC 1977, que alberga la estrella 42 Orionis, de quinta magnitud. (Su compañera aparente, 45 Orionis, no mantiene ninguna relación con la anterior ya que se trata de un objeto interpuesto en primer plano.) Más al norte, los gemelos revelan NGC 1981, un grupito disperso de estrellas de sexta magnitud y más débiles, que forman la parte superior de la empuñadura de la espada.

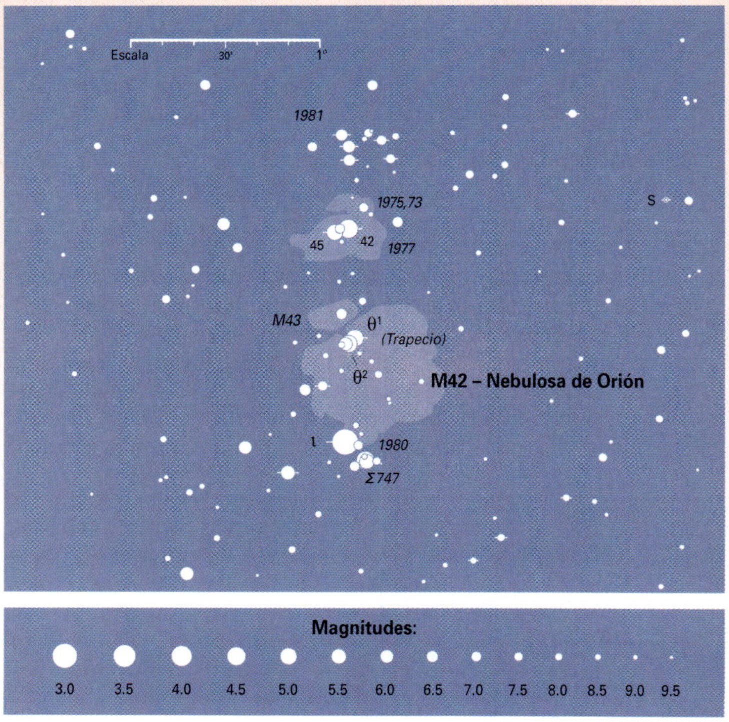

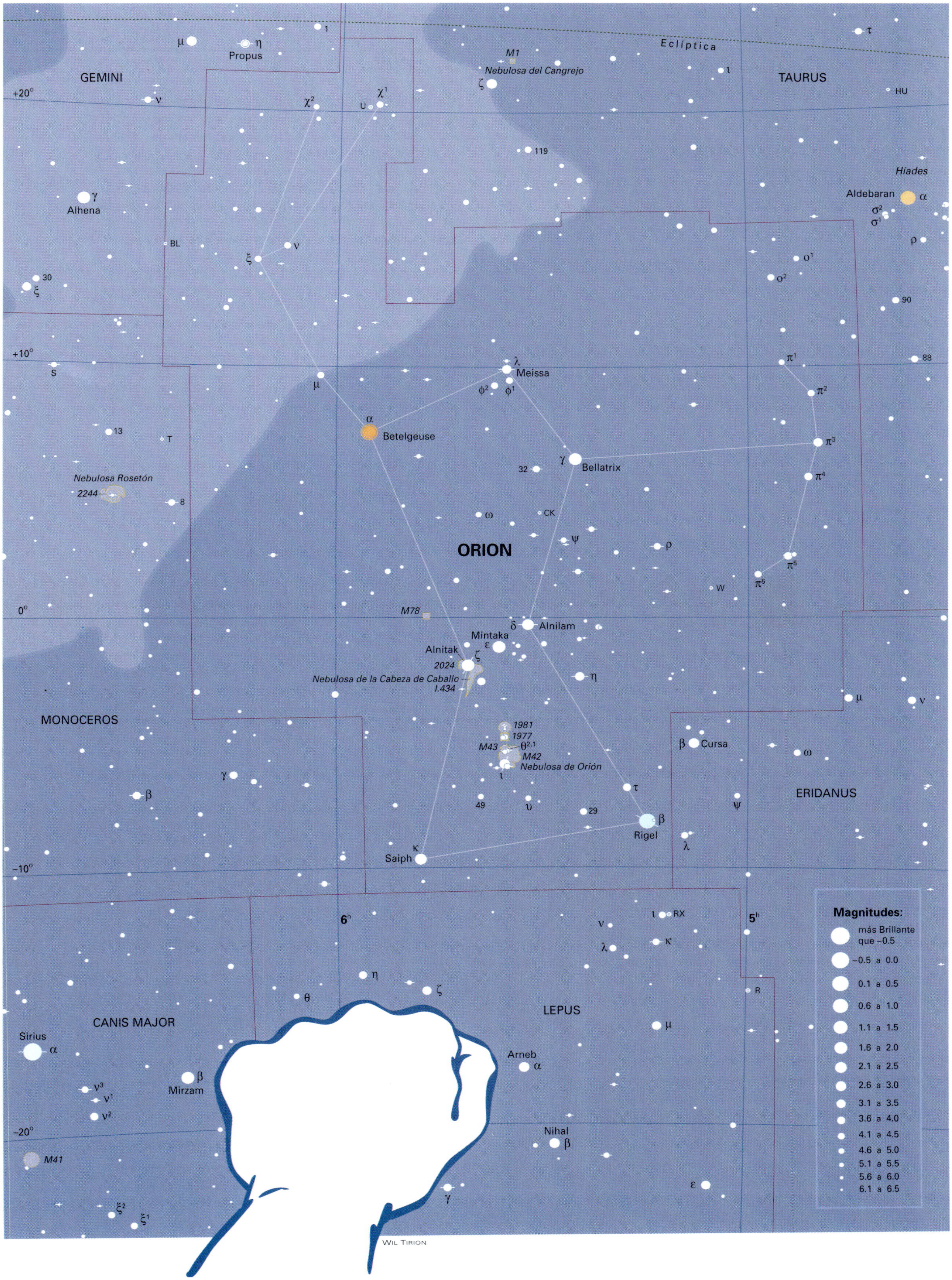
GEMINI
Propus
Alhena
BL
Nebulosa Rosetón
2244
MONOCEROS
CANIS MAJOR
Sirius
Mirzam
M41
Eclíptica
M1
Nebulosa del Cangrejo
119
TAURUS
HU
Híades
Aldebaran
ORION
Meissa
Betelgeuse
Bellatrix
CK
W
M78
Alnilam
Mintaka
Alnitak
2024
Nebulosa de la Cabeza de Caballo
I.434
1981
1977
M43
M42
Nebulosa de Orión
Rigel
Saiph
Cursa
ERIDANUS
RX
R
LEPUS
Arneb
Nihal
+20°
+10°
0°
−10°
−20°
6h
5h
Magnitudes:
más Brillante que −0.5
−0.5 a 0.0
0.1 a 0.5
0.6 a 1.0
1.1 a 1.5
1.6 a 2.0
2.1 a 2.5
2.6 a 3.0
3.1 a 3.5
3.6 a 4.0
4.1 a 4.5
4.6 a 5.0
5.1 a 5.5
5.6 a 6.0
6.1 a 6.5
WIL TIRION

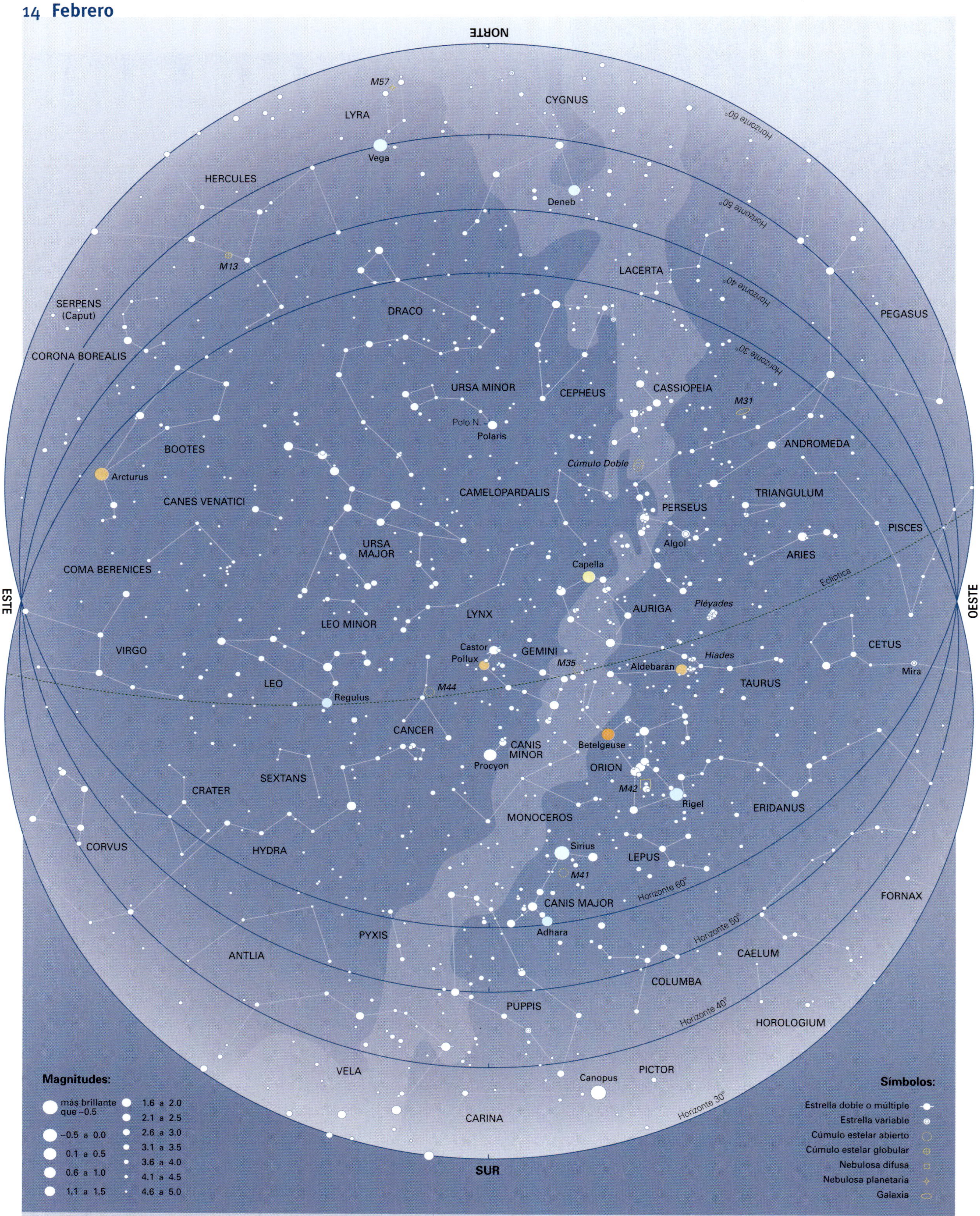

Fecha	NOVIEMBRE		DICIEMBRE		ENERO		**FEBRERO**		MARZO
Hora	4 a.m.	3 a.m.	2 a.m.	1 a.m.	medianoche	**11 p.m.**	**10 p.m.**	**9 p.m.**	8 p.m.
H. verano	5 a.m.	4 a.m.	3 a.m.	2 a.m.	1 a.m.	**medianoche**	**11 p.m.**	**10 p.m.**	9 p.m.

Febrero

Estrellas de referencia

El Triángulo del Invierno formado por Sirio (Sirius), Proción (Procyon) y Betelgueuse (Betelgeuse) sigue destacando en el cielo vespertino durante este mes. Otras estrellas bien situadas son Rigel, en Orión (Orion), y Aldebarán (Aldebaran), en Tauro (Taurus), ambas en el sudoeste. Cástor (Castor) y Pólux (Pollux), las estrellas gemelas de Géminis (Gemini), lucen altas en el cielo a las 22:00 horas al tiempo que la anaranjada Arturo (Arcturus) empieza a salir por el horizonte oriental.

Los planetas durante este mes

Venus

2003 En el cielo matutino sudoriental sobre Sagitario (Sagittarius) con magnitud −4.2.
2004 En el cielo vespertino con magnitud −4.2, desplazándose a través de Piscis.
2005 Durante todo el mes permanece demasiado cerca del Sol, lo que lo hace inobservable.
2006 Brillante en el cielo del alba, hacia el sudeste, con magnitud −4.6.
2007 Aparece bajo en cielo de la tarde, hacia poniente.

Marte

2003 Objeto matutino de primera magnitud en Ofiuco (Ophiuchus).
2004 Objeto vespertino de primera magnitud en Aries.
2005 Bajo en el firmamento matutino sudoriental en Sagitario.
2006 Se divisa en Tauro (Taurus) como un objeto de primera magnitud, y pasa al sur de las Pléyades a mediados de mes.
2007 Bajo en el cielo del sudeste, de madrugada, entre Sagitario y Capricornio (Capricornus).

Júpiter

2003 Visible a lo largo de toda la noche en Cáncer (Cancer) con magnitud −2.6. En oposición (hacia el sur a medianoche) el 2 de febrero, a 647 millones de kilómetros de la Tierra.
2004 Visible durante la mayor parte de la noche sobre Leo con magnitud −2.5.
2005 Estacionario en Virgo con magnitud −2.3.
2006 Estacionario en Libra con magnitud −2.1.
2007 Objeto matutino en la región meridional de Ofiuco (Ophiuchus), con magnitud −2.0.

Saturno

2003 Estacionario en Tauro con magnitud −0.1.
2004 Visible durante la mayor parte de la noche en Géminis con magnitud −0.2.
2005 Visible durante casi toda la noche sobre Géminis con magnitud −0.2.
2006 Visible durante toda la noche en Cáncer (Cancer) con magnitud −0.2. Al principio del mes aparece cercano al cúmulo del Pesebre.
2007 Visible toda la noche en Leo, con magnitud 0.0. En oposición (hacia el sur a medianoche) el 10 de febrero, a una distancia de 1227 millones de kilómetros de la Tierra.

El Can Mayor (Canis Major)

Durante este mes, el Can Mayor (Canis Major) se sitúa en el sur. Esta constelación alberga Sirio (Sirius), la estrella más brillante de todo el firmamento. El Can Mayor y el vecino Can Menor (Canis Minor) simbolizan dos perros que van pisándole los talones a Orión. Curiosamente, el único objeto destacado del Can Menor es su estrella más brillante, Proción (Procyon), de modo que al Can Menor se le podría llamar la constelación de la estrella solitaria. Sin embargo, el Can Mayor está colmado de estrellas brillantes. En los mapas antiguos, este perro se representaba sentado sobre las patas traseras, con la refulgente Sirio (conocida popularmente como la Estrella del Can) por hocico.

Sirio tiene una magnitud de -1.4. Su nombre procede de la palabra griega que significa reluciente o quemante porque en la antigüedad se consideraba una verdadera fuente de calor. Los sofocantes «días de la canícula» de finales del verano se le atribuían a la Estrella del Can porque coincidían con la época en que Sirio se acercaba al Sol. Hesíodo, uno de los primeros poetas griegos, escribió sobre «cabezas y miembros desecados por Sirio». El brillo excepcional de Sirio favoreció que su recorrido anual alrededor del firmamento se tomara como referencia para elaborar calendarios, al menos en la época de los antiguos egipcios, 2000 años antes de Cristo. Por casualidad, actualmente aparece casi exactamente hacia el sur a medianoche el día uno de enero.

Sirio muestra un brillo dos veces mayor que la segunda estrella más destacada del cielo, Canopo (Canopus), visible debajo de la anterior en esta época del año si se observa desde latitudes más meridionales que 37° norte. El brillo excepcional de Sirio se debe a la combinación de su potencia lumínica con la cercanía relativa a la que se encuentra. Sirio tiene casi el doble de masa y el doble de diámetro que el Sol y su emisión lumínica supera en más de 20 veces la de este. Esto en sí no tiene nada de excepcional. Lo que favorece que Sirio brille tanto en nuestros cielos es que se halla a 8.6 años-luz de distancia y ocupa, por tanto, el quinto puesto entre las estrellas más próximas al Sol. Por eso supera el fulgor de estrellas más potentes, como Betelgueuse (Betelgeuse) en Orión (Orion), pero mucho más distantes. De entre las estrellas visibles sin ayuda óptica, solo alfa Centauri, del hemisferio sur, está más cerca de nosotros que Sirio.

Sirio refulge con un color que casi llega al blanco puro, pero centellea con multitud de colores cuando las corrientes de aire de la atmósfera terrestre descomponen su luz en las gélidas noches de invierno. Aparece deslumbrante a través de prismáticos o telescopios modestos. Sirio tiene una extraña compañera de octava magnitud, una estrella pequeña y densa de la clase conocida como enana blanca (consúltese el cuadro de la página siguiente). Esta compañera minúscula de la Estrella del Can ha recibido el apodo de Cachorro. Por desgracia se encuentra tan cerca de Sirio que para verla se necesita un telescopio de gran porte.

Beta (β) Canis Majoris es una gigante azul que dista 500 años-luz y presenta magnitud 2.0. Lleva el nombre árabe Mirzam, que significa «anunciadora», debido a que su salida precede la aparición de Sirio. La segunda estrella más brillante de la constelación, épsilon (ε) Canis Majoris, es otra gigante azul, tiene magnitud 1.5 y dista 430 años-luz.

Sin embargo, es fácil pasar por alto la verdadera superestrella de la constelación. Se trata de eta (η) Canis Majoris, una supergigante brillante 100 000 veces más luminosa que el Sol pero cuya lejanía, alrededor de 3000 años-luz, la presenta ante nuestra vista con la modesta magnitud de 2.4. Otra estrella impresionante es delta (δ) Canis Majoris, a la que los árabes llamaron Wezen, «pesa». La leyenda que oculta este nombre singular se ha perdido y, aunque resulta adecuado porque en verdad se trata de una estrella pesada (su masa mínima se estima en 10 veces la del Sol), habría encajado mejor con eta Canis Majoris, aún más pesada. Delta Canis Majoris es otra supergigante que emite alrededor de 50 000 veces más luz que el Sol, y que luce con magnitud 1.8 a pesar de encontrarse a casi 2000 años-luz de distancia. Si Sirio se hallara a la misma distancia que delta o eta Canis Majoris, se mostraría de undécima o décima magnitud, respectivamente, y estaría por debajo del umbral de visibilidad del ojo humano. Y, a la inversa, si estas dos estrellas distaran de nosotros igual que Sirio, cada una de ellas tendría un brillo semejante al de media Luna, de forma que el cielo nocturno nunca aparecería realmente oscuro cuando se encontraran sobre el horizonte.

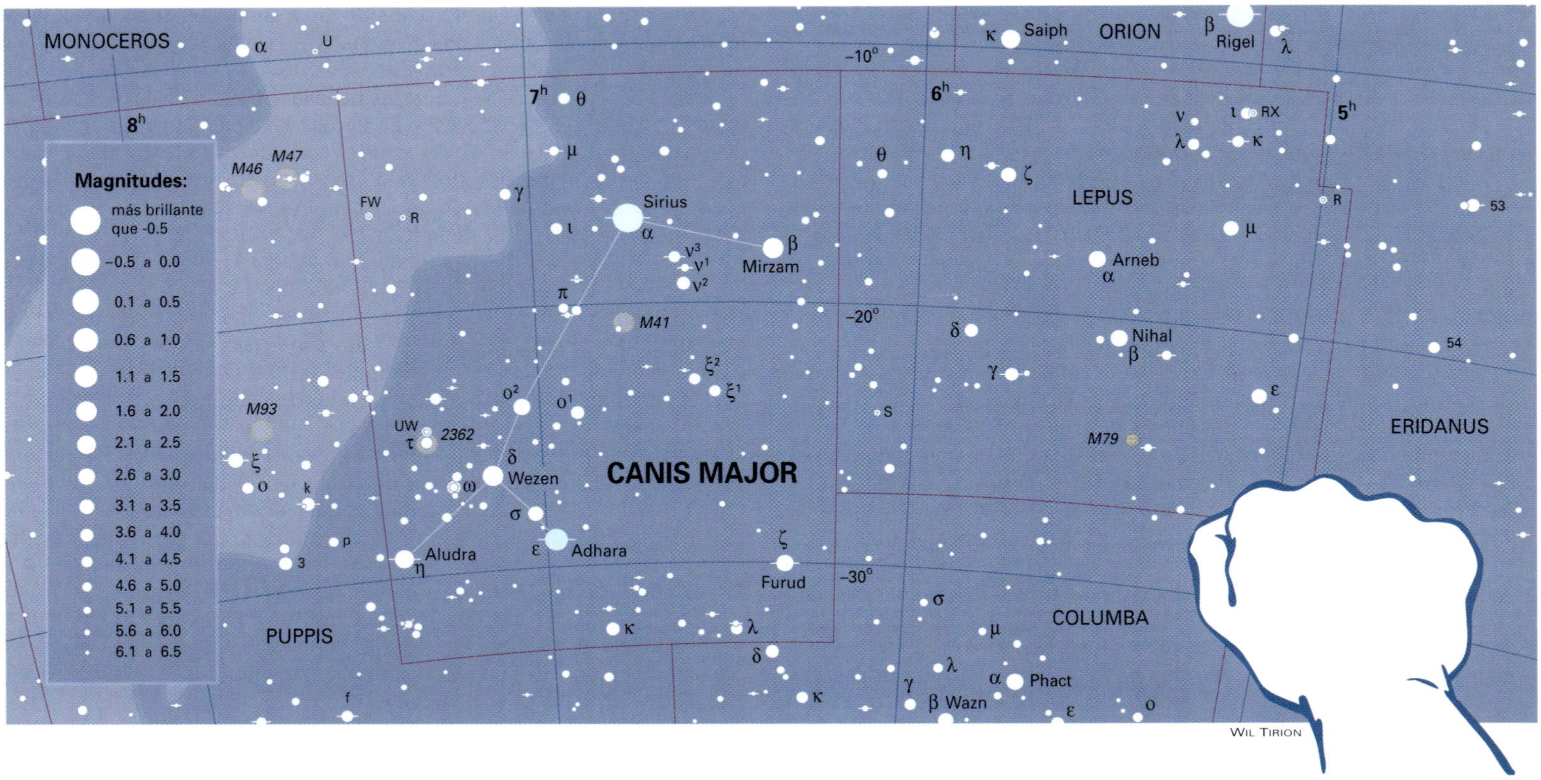

El Can Mayor alberga dos cúmulos estelares actractivos para instrumentos poco potentes. Al sur de Sirio se encuentra M41 cubriendo la misma superficie celeste que la Luna llena. Con condiciones óptimas puede llegar a apreciarse a simple vista como una mancha borrosa. M41 consta de unas 50 estrellas y la más brillante de todas es una gigante anaranjada de séptima magnitud. Los prismáticos muestran los miembros más brillantes y con telescopios pequeños se divisan muchos más. Para que todo el cúmulo entre en el mismo campo de visión se precisan pocos aumentos. Nótese que las estrellas aparecen dispuestas en cadenas, un efecto frecuente en los cúmulos. Al observar desde latitudes boreales muy septentrionales se verá que la cercanía de M41 al horizonte le resta esplendor.

Mucho más compacto que M41 es el cúmulo NGC 2362, centrado en la estrella tau (τ) Canis Majoris, una supergigante azul de cuarta magnitud. NGC 2362 alberga unos 40 miembros, muchos de ellos visibles con telescopios pequeños. Por sí sola, tau Canis Majoris tiene 30 000 veces la luminosidad del Sol. Tanto esta estrella como el cúmulo se encuentran a 5000 años-luz de distancia.

Enanas blancas

En 1862, el astrónomo estadounidense Alvan G. Clark divisó por primera vez la tenue compañera de Sirio (Sirius) mientras probaba un telescopio nuevo de 47 centímetros. Pero aquella estrella compañera, Sirio B, entrañaba un enigma. Aunque su temperatura superficial superaba la del Sol, la estrella en sí era mucho más débil que este. Esto significaba que tenía que ser muy pequeña, alrededor del 1 por ciento del diámetro del Sol, aproximadamente el tamaño de la Tierra, unas dimensiones asombrosamente reducidas para los patrones estelares. Las estrellas tan minúsculas y calientes reciben el nombre de enanas blancas.

Pero el misterio no acababa ahí. Se descubrió que Sirio B albergaba tanta masa como el Sol. Así, si en una esfera tan pequeña se concentraba tanta masa, Sirio B tenía que ser increíblemente densa, mucho más que cualquier sustancia conocida en la Tierra. De hecho, una cucharada de materia de Sirio B pesaría muchas toneladas. Se da la casualidad de que la estrella más brillante del Can Menor (Canis Minor), Proción (Procyon), también tiene por compañera a una enana blanca más débil y aún más difícil de ver que la compañera de Sirio. Ahora se sabe que las enanas blancas son restos moribundos de estrellas como el Sol. Tanto la compañera de Sirio como la de Proción vivieron días mejores.

Sirio B orbita alrededor de Sirio A una vez cada 50 años (véase el diagrama de la derecha). Ambas estrellas se hallan siempre demasiado cercanas como para que Sirio B pueda divisarse con telescopios pequeños. Incluso cuando mantengan la máxima distancia entre sí (alrededor del año 2025) se precisará un telescopio con al menos 200 mm de abertura y estabilidad en el aire para distinguir el pálido chisporroteo de Sirio B del resplandor de su brillante vecina.

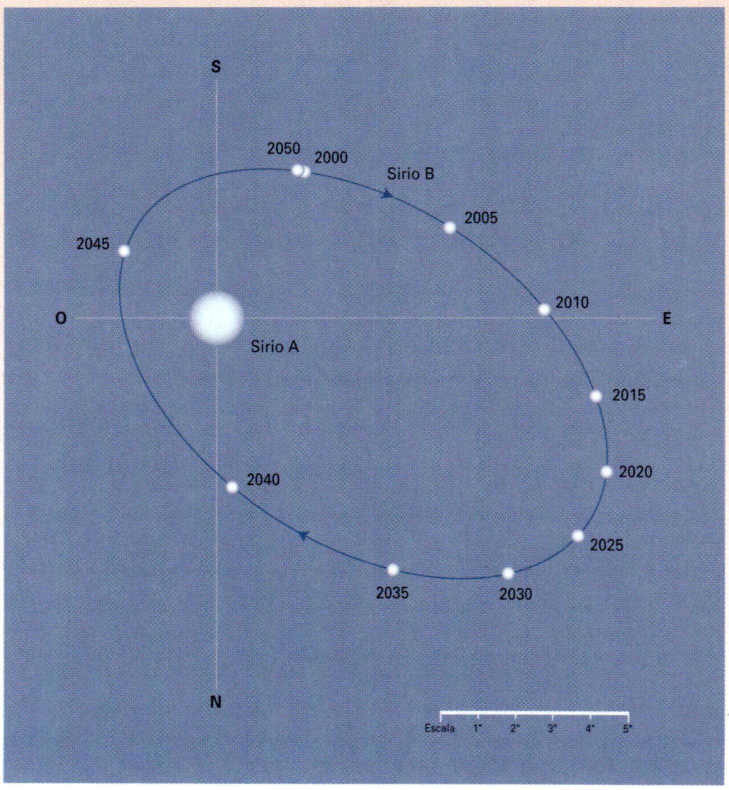

El Unicornio (Monoceros)

Entre las estrellas del Triángulo del Invierno yace la vaga pero fascinante constelación del Unicornio (Monoceros), insertada en los mapas estelares en el siglo diecisiete. Aunque a menudo se la pasa por alto en beneficio de su brillante vecindario, el Unicornio alberga algunos objetos clásicos.

Entre ellos tal vez se cuente la estrella triple más bella para observar con telescopios pequeños: beta (β) Monocerotis. Con pocos aumentos aparece doble, pero con mayor potencia la compañera más tenue se divide en dos. Las tres estrellas, todas de quinta magnitud, forman un arco. 8 Monocerotis, también conocida como épsilon (ε) Monocerotis, es una doble fácil de separar con telescopios pequeños. Está formada por una componente blanquiazul y otra amarilla con magnitudes 4.4 y 6.7 y situada en medio de un conjunto interesante de estrellas más débiles y dispersas. Las componentes no guardan ninguna relación física.

El Unicornio contiene dos cúmulos estelares muy conocidos rodeados de una tenue nebulosidad a partir de la cual surgieron recientemente. NGC 2244 es una agrupación estelar extensa con alrededor de una docena de miembros de sexta magnitud o más débiles, que abarca una superficie celeste similar al diámetro aparente de la Luna. Los prismáticos o telescopios de campo amplio con pocos aumentos ofrecen la mejor imagen de este objeto, cuyo tesoro oculto esriba en la nube de gas circundante, conocida como nebulosa Rosetón y de belleza extraordinaria en fotografías de exposición larga. Por desgracia es demasiado débil para verla con telescopios pequeños, aunque en condiciones excelentes de visibilidad puede vislumbrarse con prismáticos grandes como un halo tenue con una extensión superior al doble del diámetro aparente de la Luna. Se halla a 5000 años-luz de distancia y es uno de los cúmulos más jóvenes que se conocen, con unos 3 millones de años de edad.

A unos dos grados de NGC 2244 se halla la estrella de Plaskett, de sexta magnitud, que debe su nombre al astrónomo canadiense John Stanley Plaskett, quien descubrió en 1922 que se trata del par estelar más pesado que se conoce. Según las últimas mediciones, ambas componentes son supergigantes azules unas 50 veces más masivas que el Sol, lo que las sitúa con firmeza en la clase de los pesos super-pesados. Las estrellas se mantienen tan cercanas que no pueden resolverse con ningún telescopio. Solo el análisis espectral de la luz de la estrella de Plaskett permite afirmar a la comunidad astronómica que no se trata de una, sino de dos estrellas que se orbitan cada 14 días. Las estrellas con masas tan descomunales no viven mucho, de modo que la estrella de Plaskett tiene que ser muy joven y tal vez no sume más de un millón de años de edad.

Otro tesoro oculto del Unicornio es el cúmulo estelar NGC 2264. Los telescopios pequeños y los prismáticos revelan alrededor de una docena de estrellas dispuestas en forma de punta de flecha junto a numerosos miembros más pálidos. La más brillante del cúmulo es S Monocerotis, una estrella blanquiazul muy caliente de magnitud 4.7, aunque ligeramente variable. NGC 2264 se encuentra envuelto en una nube brillante de gas demasiado débil para verla con telescopios pequeños, pero bien conocida por fotografías de largo tiempo de exposición. En su extremo meridional penetra un cono de polvo oscuro que confiere a este objeto su nombre popular, nebulosa del Cono. NGC 2264 y la nebulosa del Cono se encuentran a unos 2500 años-luz de distancia.

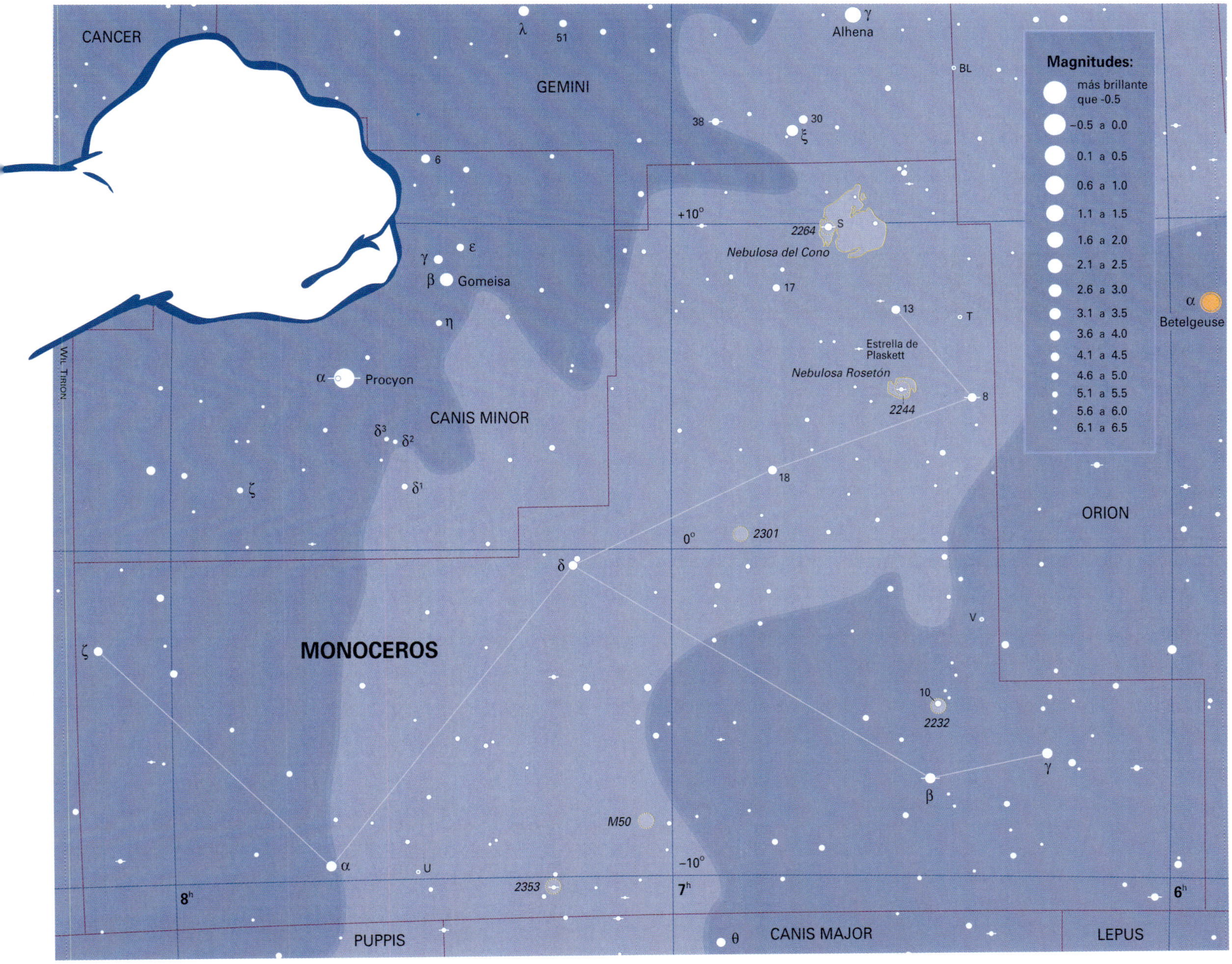

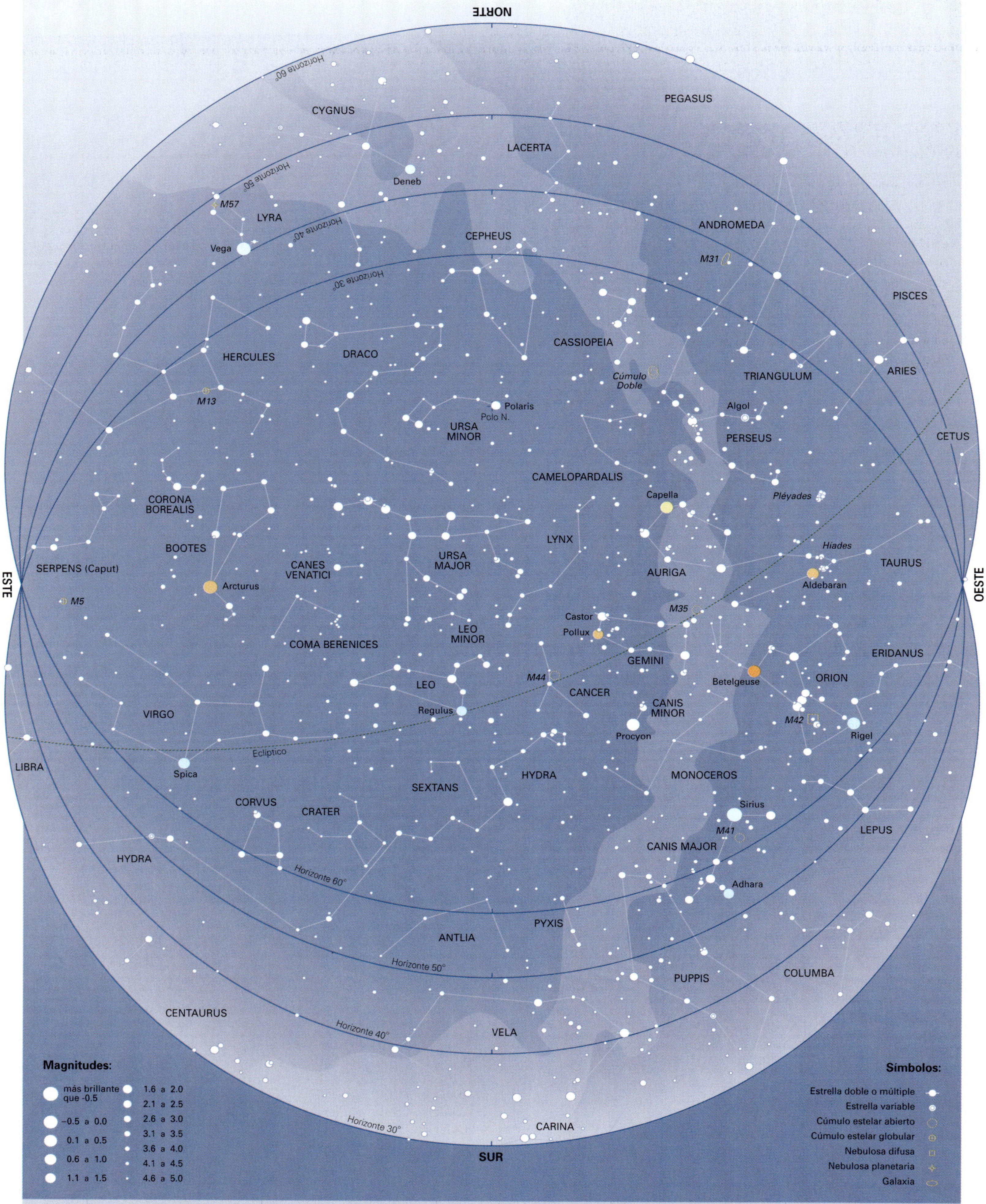

Fecha	DICIEMBRE		ENERO		FEBRERO		**MARZO**		ABRIL
Hora	4 a.m.	3 a.m.	2 a.m.	1 a.m.	medianoche	**11 p.m.**	**10 p.m.**	**9 p.m.**	8 p.m.
H. verano	5 a.m.	4 a.m.	3 a.m.	2 a.m.	1 a.m.	**medianoche**	**11 p.m.**	**10 p.m.**	9 p.m.

Marzo

Estrellas de referencia

Tauro (Taurus), Orión (Orion) y el Triángulo del Invierno se ponen por el horizonte occidental a las 22:00 horas durante este mes. Cástor (Castor) y Pólux (Pollux) continúan bien situadas y Capella luce alta en el noroeste. Régulo (Regulus), la estrella más brillante de Leo, centellea alta hacia el sur alrededor de las 22:00 horas. Debajo de ella se encuentra la dispersa constelación de la Hidra (Hydra), una zona desprovista de estrellas brillantes. Las siete estrellas que forman la conocida figura del Carro se encuentran en buena posición para observarlas este mes. La aparición de la Espiga (Spica) y Arturo (Arcturus) por el horizonte del este anuncia la llegada de la primavera.

Los planetas durante este mes

Venus

2003 Objeto brillante al alba, bajo hacia el este antes de la salida del Sol.

2004 Objeto vespertino luminoso en Aries. El 29 de marzo alcanza la mayor separación del Sol (máxima elongación) de 46° con magnitud −4.4.

2005 Invisible tras el Sol. Conjunción superior el 31 de marzo.

2006 Al sudeste, de madrugada, con magnitud −4.5. Máxima elongación (separación extrema del Sol) el 25 de marzo, 47°.

2007 Destaca en el cielo occidental tras la puesta del Sol, con magnitud −4.0.

Marte

2003 Objeto matutino en Sagitario (Sagittarius), alcanzando magnitud 0.5 a finales de mes.

2004 Desplazándose de Aries a Tauro (Taurus) con magnitud 1.3 y atravesando las Pléyades durante la segunda mitad del mes.

2005 Bajo en el firmamento de la aurora por el sudeste avanzando de Sagitario a Capricornio (Capricornus) con magnitud 1.0.

2006 Objeto vespertino en Tauro. Pasa al norte de las Híades en la primera mitad del mes.

2007 Bajo en el cielo del sudeste, de madrugada, en Capricornio.

Júpiter

2003 Visible a lo largo de toda la noche en Cáncer (Cancer) con magnitud −2.4.

2004 Visible durante toda la noche en Leo con magnitud −2.5. En oposición (hacia el sur a medianoche) el 4 de marzo, a 662 millones de kilómetros de la Tierra.

2005 Visible durante la mayor parte de la noche sobre Virgo con magnitud −2.4.

2006 Estacionario en Libra, con magnitud −2.3

2007 Objeto matutino, estacionario en la región meridional de Ofiuco (Ophiuchus) con magnitud −2.2.

Saturno

2003 En Tauro con magnitud 0.0.

2004 Estacionario en Géminis con magnitud 0.0.

2005 Estacionario en Géminis con magnitud 0.0.

2006 Visible durante la mayor parte de la noche en Cáncer (Cancer), con magnitud 0.0.

2007 Visible toda la noche entre las estrellas de Leo y Cáncer, con magnitud 0.1.

Eclipses

De Sol

2006 Eclipse total de Sol el 29 de marzo, visible en las regiones septentrionales y occidentales de África, el mediterráneo occidental y el oeste de Asia. Duración máxima de la fase total, 4 minutos y 7 segundos. Visible como parcial desde Europa, Oriente Próximo y la mayor parte de África, excepto sus regiones meridionales y orientales.

2007 Eclipse parcial de Sol el 19 de marzo, máximo 87%, visible desde el este de Asia.

De Luna

2007 Eclipse total de Luna el 3 de marzo, visible desde Asia (excepto el lejano oriente), Europa, África, América del Sur y partes orientales de América del Norte. La totalidad comienza a las 22:44 TU y termina a las 23:58 TU.

Géminis (Gemini)

Géminis (Gemini) representa a los gemelos Cástor y Pólux de la mitología griega, los cuales dan nombre a las dos estrellas más brillantes de esta constelación. Los mapas estelares antiguos muestran a los gemelos tomados de la mano en el cielo. Las estrellas Cástor (Castor) y Pólux (Pollux) señalan las cabezas de los gemelos. Según el mito, eran hijos de la reina Leda de Esparta, pero cada uno de ellos tenía un padre distinto. Cástor era hijo del marido de Leda, el rey Tindáreo, mientras que Pólux era hijo del dios Zeus, que adoptó la forma de un cisne para unirse a Leda. Cástor y Pólux participaron en la expedición de los Argonautas que zarpó en busca del Vellocino de Oro. A su muerte, Zeus los elevó al firmamento. Los marinos tomaron a los gemelos celestes como santos patrones y solicitaban su protección en momentos de peligro. El fenómeno eléctrico conocido como «fuego de San Telmo» y que se produce en los mástiles y aparejos de los barcos, se consideraba el espíritu guía de los gemelos.

Cástor y Pólux son estrellas muy distintas. Aunque aparecen en la misma zona celeste y fulguran con un brillo similar, no guardan ninguna relación física. Pólux es la más próxima a nosotros, a una distancia de 34 años-luz, mientras que Cástor se encuentra a 52 años-luz. Pólux, también conocida como beta (β) Geminorum, es una gigante anaranjada con magnitud 1.2, algo más brillante que su pareja.

Cástor, alfa (α) Geminorum, constituye en realidad una familia asombrosa de seis estrellas unidas entre sí mediante la gravedad. A simple vista parece una sola estrella de magnitud 1.6. Pero los telescopios pequeños con grandes aumentos separan Cástor en un par deslumbrante de estrellas blanquiazules con magnitudes 1.9 y 3.0 que giran, aproximadamente, cada 500 años. De hecho, Cástor fue el primer par estelar en el que se descubrió que ambas componentes se orbitan mutuamente, un hallazgo anunciado por Wilhelm Herschel en 1803. Pero en ese lugar, a cierta distancia del par estelar brillante, también hay una enana roja de novena magnitud, aunque resulta menos fácil de ver con telescopios pequeños.

Estas tres estrellas son a su vez dobles muy angostas, lo que convierte a Cástor en un sistema séxtuple. Cada par se encuentra tan junto que las estrellas no pueden verse separadas ni siquiera a través de los telescopios más grandes. La comunidad astronómica supo que se trata de estrellas dobles cuando, al analizar su luz mediante un espectroscopio, reparó en que esta provenía de dos astros. Por este motivo se las conoce como binarias espectroscópicas.

Cástor A, la más brillante de las componentes, consiste en dos estrellas mayores y más luminosas que el Sol que se orbitan cada nueve días. Cástor B, la segunda componente más brillante, consiste en otras dos estrellas más grandes que el Sol que se orbitan cada tres días. La tercera componente, Cástor C, consiste en dos enanas rojas, menores y más tenues que el Sol que tardan menos de un día en orbitarse. Además, también se eclipsan entre sí provocando que el brillo de Cástor C varíe de magnitud 9.2 a 9.6. Todos los miembros de la familia Cástor nacieron juntos a partir de la misma nube de gas y desde entonces han permanecido unidos por efecto

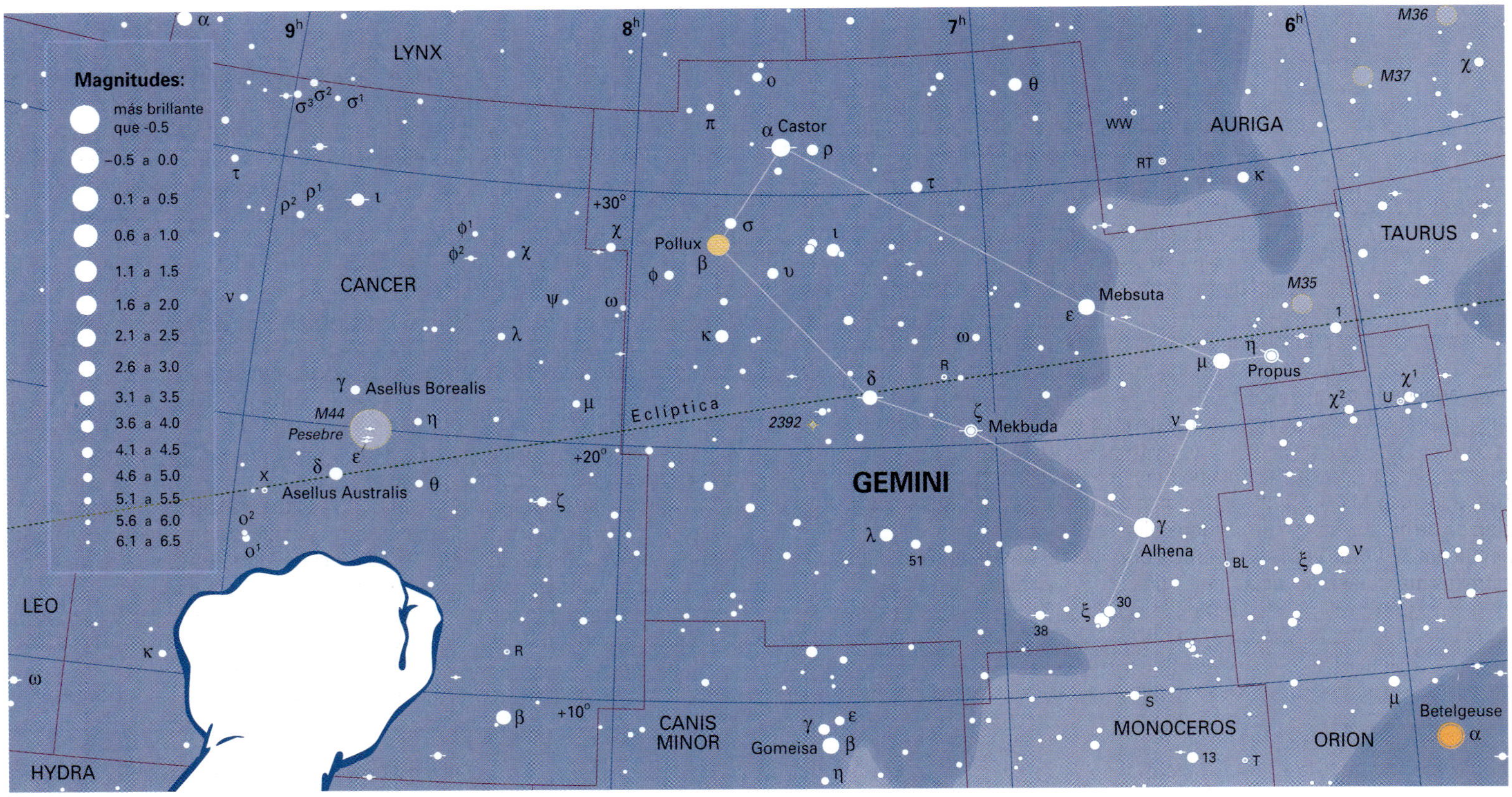

gravitatorio. Cuando observen Cástor al telescopio, intenten imaginar la visión que depararía un planeta que orbitara alrededor de una de estas estrellas.

Géminis alberga un cúmulo impresionante y de gran tamaño cerca de los pies de los gemelos, casi en la frontera con Tauro (Taurus): M35. M35 cuenta con más de 100 estrellas miembro diseminadas por una superficie mayor que la Luna llena. M35 ofrece una imagen imponente a través de los prismáticos, mostrándose como una mancha moteada y envuelta en bruma. Los telescopios pequeños resuelven con claridad estrellas de octava magnitud y más pálidas. A diferencia de muchos cúmulos, M35 no posee mayor densidad hacia el centro. Al usar telescopio se apreciará más bien que sus estrellas se disponen en cadenas discontinuas inconexas, que en cierto modo recuerdan a las luces de un árbol navideño. M35 se encuentra a 2800 años-luz de distancia.

Más sugerente es la nebulosa planetaria NGC 2392. Los telescopios de poco porte la muestran como un disco borroso de color azulado, como una estrella de octava magnitud desenfocada, y de tamaño similar al disco del planeta Saturno. En este caso contemplamos un caparazón de gas expulsado por una estrella moribunda. Esa estrella luce con magnitud 10 en el centro de la nebulosa. A través de telescopios grandes, NGC 2392 ofrece el aspecto de una cara rodeada de una orla, lo que le ha valido sus dos nombres populares, la nebulosa del Esquimal o de la Cara de Payaso. Aunque los telescopios pequeños no ofrecen tantos detalles, NGC 2392 es una de las nebulosas planetarias más fáciles de encontrar y dignas de ver.

El cúmulo del Pesebre

Entre Géminis (Gemini) y Leo yace la constelación de Cáncer (Cancer), el Cangrejo. Se trata de una constelación vaga carente de estrellas más brillantes que magnitud 3.5, pero en su centro alberga un objeto clásico para observar con prismáticos, el cúmulo estelar M44, conocido desde la antigüedad como el Pesebre (Praesepe) y popularmente llamado la Colmena en países anglosajones. El cúmulo está flanqueado por dos estrellas que se conocen como los Asnos y que, según la creencia, se alimentan en el Pesebre. La del norte es gamma (γ) Cancri, con magnitud 4.7 y llamada Asno Boreal (Asellus Borealis), mientras que delta (δ) Cancri, con magnitud 3.9, es el Asno Austral (Asellus Australis). M44 se divisa a simple vista en noches nítidas como una mancha nubosa y era conocido entre los griegos de la antigüedad porque lo tenían en cuenta al realizar previsiones meteorológicas. Si el Pesebre no se veía en una noche por lo demás nítida, se consideraba un signo de tormentas próximas.

M44 cubre un grado y medio de cielo, tres veces el tamaño aparente de la Luna llena. Es demasiado extenso para caber en el campo de visión de un telescopio normal, pero resulta ideal para los prismáticos. El cúmulo del Pesebre supera incluso a las Pléyades, en Tauro (Taurus), en cuanto a extensión, si bien no cuenta con estrellas tan brillantes. El miembro más destacado de la Colmena es épsilon (ε) Cancri, una estrella blanca de magnitud 6.3. En total, M44 alberga unas 20 estrellas más brillantes que la octava magnitud y varias docenas más brillantes que la décima magnitud. Los prismáticos muestran una imagen pasmosa que recuerda un enjambre de abejas alrededor de un panal. Esta colmena estelar se encuentra a 520 años-luz de distancia.

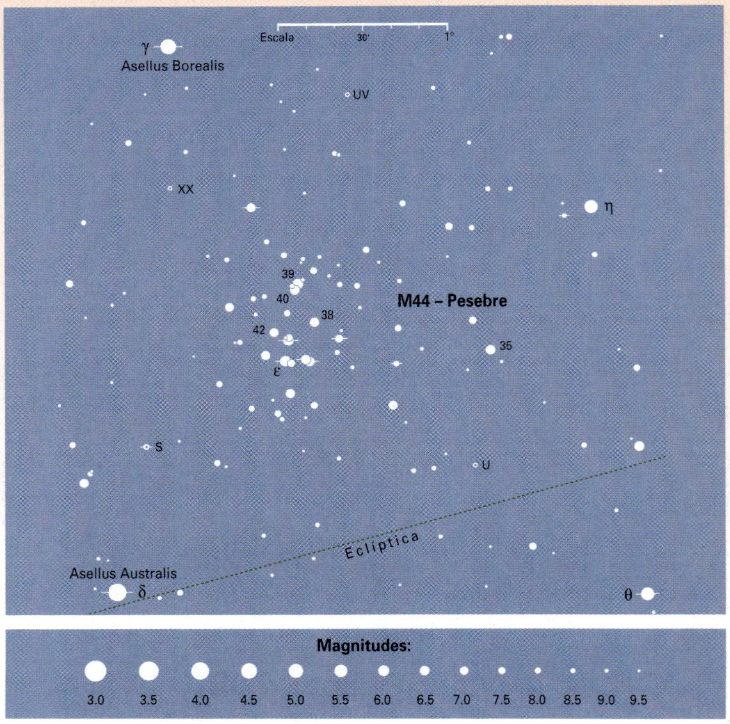

Leo

Una de las pocas constelaciones que guarda algún parecido real con su nombre es Leo, el León. La mitología lo identifica con el león que mató Hércules en cumplimiento de uno de sus doce trabajos. La cabeza del león está representada por la figura en forma de hoz que perfilan seis estrellas, como la imagen especular de un signo de interrogación. Cuatro estrellas conforman el cuerpo, con la cola marcada por beta (β) Leonis, una estrella blanca, de magnitud 2.1 y cuyo nombre, Denébola (Denebola), procede del árabe y significa «cola del león».

Al final de la hoz fulgura la estrella más brillante de Leo, alfa (α) Leonis, más conocida como Régulo (Regulus), palabra latina que significa «pequeño rey», adecuado para el rey de los animales. Régulo luce en nuestros cielos con magnitud 1.4, es blanquiazulada, se halla a 77 años-luz de distancia y, según los cálculos, posee un diámetro tres veces mayor que el del Sol y supera en más de 100 veces la emisión lumínica de este. Los telescopios pequeños, e incluso los prismáticos, muestran que Régulo tiene una compañera alejada de octava magnitud. Aunque dista 700 000 millones de kilómetros de Régulo (más de 100 veces la distancia que media entre Plutón y el Sol) ambas estrellas mantienen un vículo real y deambulan juntas por el espacio.

El verdadero objeto de valor de la constelación lo conforma la segunda estrella más brillante de la hoz, gamma (γ) Leonis, también conocida como Algieba. A simple vista, gamma Leonis centellea con magnitud 2.0. Cerca de ella, los prismáticos muestran una estrella de quinta magnitud, 40 Leonis, que no guarda relación con la anterior pero que por casualidad yace en la misma línea de visión. Al apuntar hacia gamma Leonis con un telescopio pequeño y un ocular que amplíe la imagen unas 100 veces, este objeto se separa en un par de estrellas de color amarillo dorado y se revela como una de las dobles más espléndidas del firmamento. Ambas componentes de gamma Leonis son gigantes anaranjadas con magnitudes 2.4 y 3.5 que tardan alrededor de 600 años en orbitar su centro común de masas. Gamma Leonis se encuentra a 125 años-luz de distancia.

Leo alberga cierto número de galaxias, aunque ninguna destaca con instrumentos pequeños. Entre zeta (θ) y iota (ι) Leonis se encuentran las galaxias más brillantes de esta constelación: M65 y M66, ambas de novena magnitud. Se trata de galaxias espirales, pero M65 mantiene una cierta inclinación con respecto a nosotros y por eso se nos muestra elíptica. Con instrumentos pequeños, M65 y M66 se muestran como manchas difusas de luz.

En caso de econtrar las anteriores, convendrá intentarlo con un par de galaxias que ofrece más dificultad, M95 y M96, debajo del cuerpo de Leo. M95 es una espiral barrada de décima magnitud, mientras que M96 es una espiral ordinaria de novena magnitud. La estructura de las galaxias no se apreciará con instrumentos de poco porte, ya que solo permiten divisar la región central, la más brillante, de cada una de ellas. Estas cuatro galaxias se encuentran a unos 20 millones de años-luz de distancia.

Como ocurre con todos los objetos difusos y vagos de este tipo, el éxito en su observación depende en extremo de las condiciones en que se realice. Bajo cielos malos resultarán invisibles incluso con instrumentos de tamaño medio, pero en condiciones óptimas pueden llegar a vislumbrarse con prismáticos.

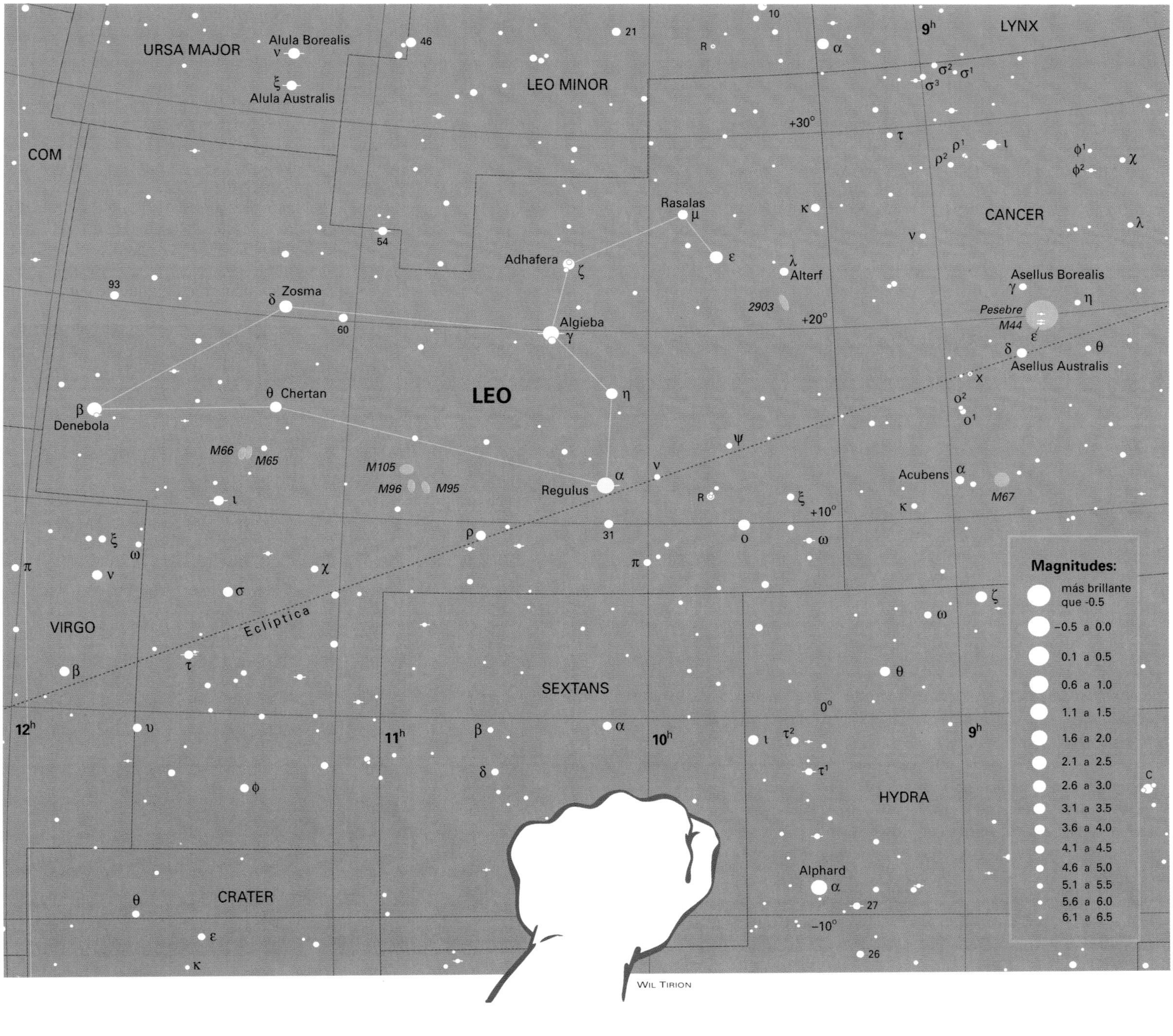

WIL TIRION

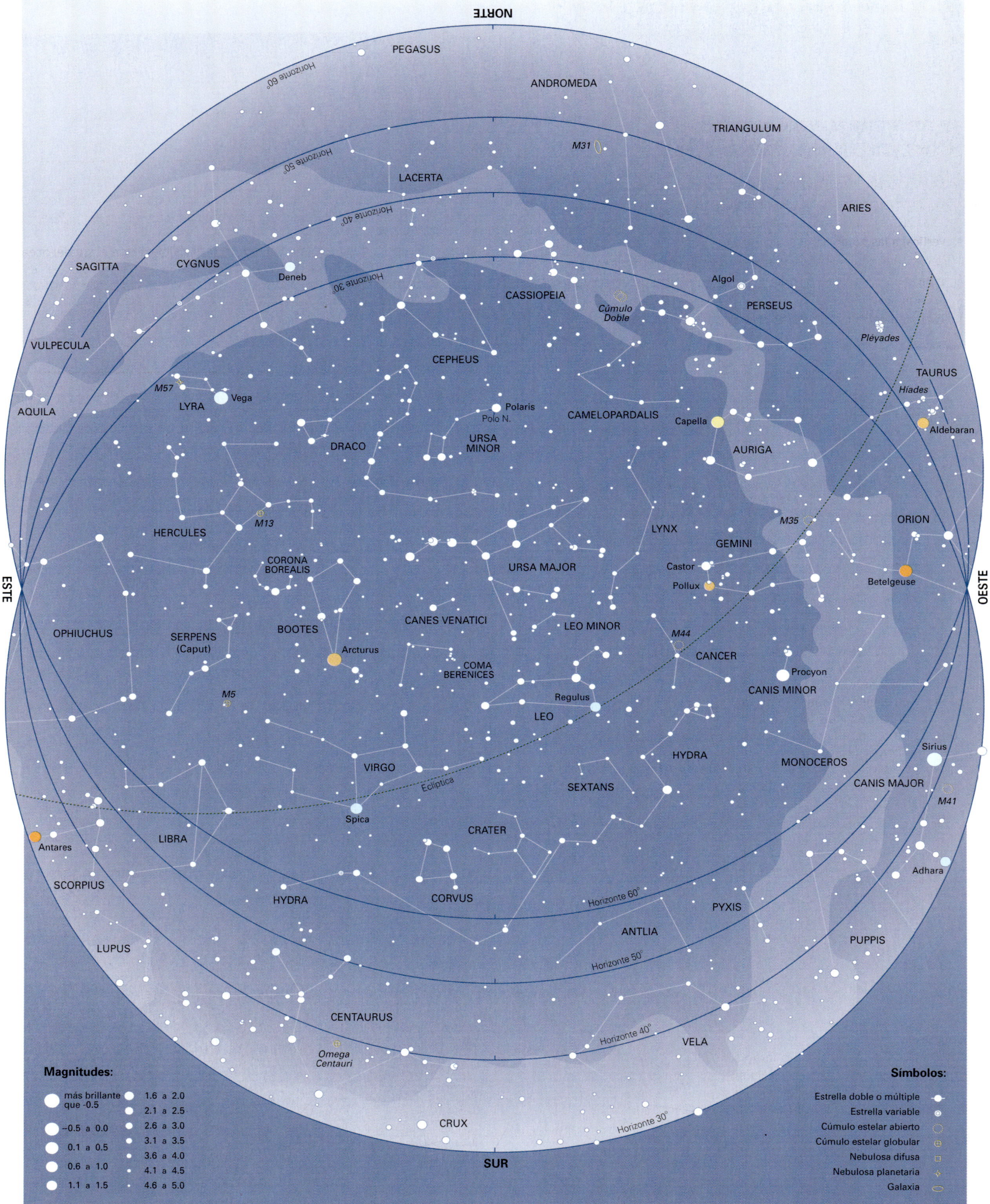

Fecha	DICIEMBRE		ENERO		FEBRERO		MARZO		**ABRIL**
Hora	6 a.m.	5 a.m.	4 a.m.	3 a.m.	2 a.m.	1 a.m.	medianoche	**11 p.m.**	**10 p.m.**
H. verano	7 a.m.	6 a.m.	5 a.m.	4 a.m.	3 a.m.	2 a.m.	1 a.m.	**medianoche**	**11 p.m.**

Abril

Estrellas de referencia

El crepúsculo vespertino empieza a ocultar las estrellas del Triángulo del Invierno a medida que los días se alargan. El Carro ocupa la mejor posición para observarlo durante este mes ya que se hallará en la vertical a las 20:00 horas. La curva del pértigo del Carro conduce hasta la brillante Arturo (Arcturus) y su prolongación lleva hasta Espiga (Spica) en el sudeste. Régulo (Regulus) continúa alto en el sudoeste a lo largo del mes, mientras Vega, una de las estrellas que forman el Triángulo del Verano, hace su aparición por el nordeste.

Los planetas durante este mes

Venus

2003 Bajo por el este en el crepúsculo del alba.

2004 Objeto vespertino en Tauro (Taurus) que alcanzará magnitud −4.5 a finales de mes.

2005 Demasiado próximo al Sol para observarlo a lo largo del mes.

2006 Bajo, en el cielo de levante durante el crepúsculo, con magnitud −4.1.

2007 Muy destacado en el cielo occidental tras la puesta de Sol, con magnitud −4.1.

Marte

2003 Al alba en el firmamento del sudeste, desplazándose de Sagitario a Capricornio (Capricornus) y encendiéndose hasta magnitud 0.0 a finales de mes.

2004 En el cielo vespertino occidental sobre Tauro con magnitud 1.5. El brillante Venus luce cerca.

2005 Bajo en el crepúsculo del amanecer, por el sudeste, sobre Capricornio.

2006 Objeto vespertino entre Tauro y Géminis (Gemini).

2007 Bajo en el cielo oriental, al alba, sobre Acuario (Aquarius).

Júpiter

2003 Casi estacionario en Cáncer (Cancer), próximo al cúmulo del Pesebre, con magnitud −2.2.

2004 Visible durante toda la noche bajo el cuerpo de Leo con magnitud −2.3.

2005 Visible a lo largo de toda la noche en Virgo con magnitud −2.5. En oposición (hacia el sur a medianoche) el 3 de abril, a 667 millones de kilómetros de la Tierra.

2006 Visible durante la mayor parte de la noche, en Libra y con magnitud −2.5.

2007 Estacionario en la región sur de Ofiuco (Ophiuchus) con magnitud −2.4.

Saturno

2003 Objeto vespertino en Tauro con magnitud 0.1.

2004 Objeto vespertino en Géminis con magnitud 0.1.

2005 Objeto vespertino en Géminis con magnitud 0.2.

2006 Estacionario en Cáncer (Cancer) con magnitud 0.2.

2007 Estacionario en la frontera entre Leo y Cáncer con magnitud 0.3.

Eclipses

De Sol

2004 Eclipse parcial de Sol el 19 de abril con un máximo del 74%; visible desde el sur de África.

2005 Eclipse anular-total de Sol el 8 de abril visible desde el sur del océano Pacífico. Duración máxima de la totalidad, 42 segundos. Se verá como un eclipse parcial desde el océano Pacífico, las zonas meridionales de América del Norte y Central, así como desde el noroeste de América del Sur.

Meteoros de abril

Una de las lluvias meteóricas menos intensas del año, las Líridas, tiene lugar este mes. En el mejor de los casos llega a verse alrededor de una docena de meteoros por hora que radian desde un punto de la frontera entre las constelaciones de la Lira (Lyra) y Hércules (Hercules) cercano a la brillante Vega. Aunque no son numerosas, las Líridas impresionan. Una lírida típica es brillante, veloz y deja un rastro luminoso. El máximo se produce entre el 21 y el 22 de abril (la fecha exacta varía de un año a otro) y la intensidad desciende con rapidez un día antes o después del máximo. Las Líridas son una de las lluvias de estrellas más antiguas que se conocen. Los registros de su observación datan de hace más de 2000 años, cuando era mucho más abundante. Su progenitor es el cometa Thatcher cuyo periodo orbital asciende a 415 años, el más largo de todos los cometas asociados a corrientes meteóricas.

La Osa Mayor (Ursa Major)

Ambas osas, la Osa Mayor (Ursa Major) y la Osa Menor (Ursa Minor), lucen altas en el firmamento durante las tardes primaverales. Las siete estrellas más brillantes de la Osa Mayor forman un asterismo bien sencillo de reconocer que recibe el nombre popular de El Carro. Los mitos y leyendas relacionados con este asterismo se remontan a los primeros tiempos documentados. La constelación se conoce como la Osa Mayor, aunque se trata de una osa un tanto extraña, con una larga cola. En la mitología griega, la Osa Mayor simboliza la ninfa Calisto que fue seducida por Zeus y más tarde se le asignó un lugar entre las estrellas convertida en una osa. Cierta versión del mito identifica la Osa Menor con Árcade, el hijo de Calisto. Otra leyenda de la Grecia antigua afirma que se trata de dos osas, hembras, que encarnan las ninfas Adrastea e Ida, quienes criaron a Zeus cuando era niño.

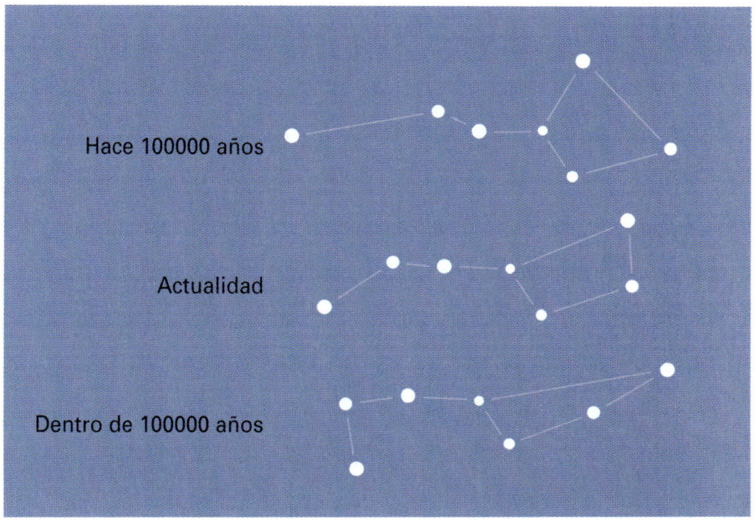

Todas las estrellas se encuentran en movimiento y, en consecuencia, con el paso del tiempo, las figuras de las constelaciones van cambiando. Aquí se muestran las estrellas del Carro (en la Osa Mayor) con el aspecto que tenían hace 100 000 años, el que presentan en la actualidad y el que ofrecerán dentro de 100 000 años.

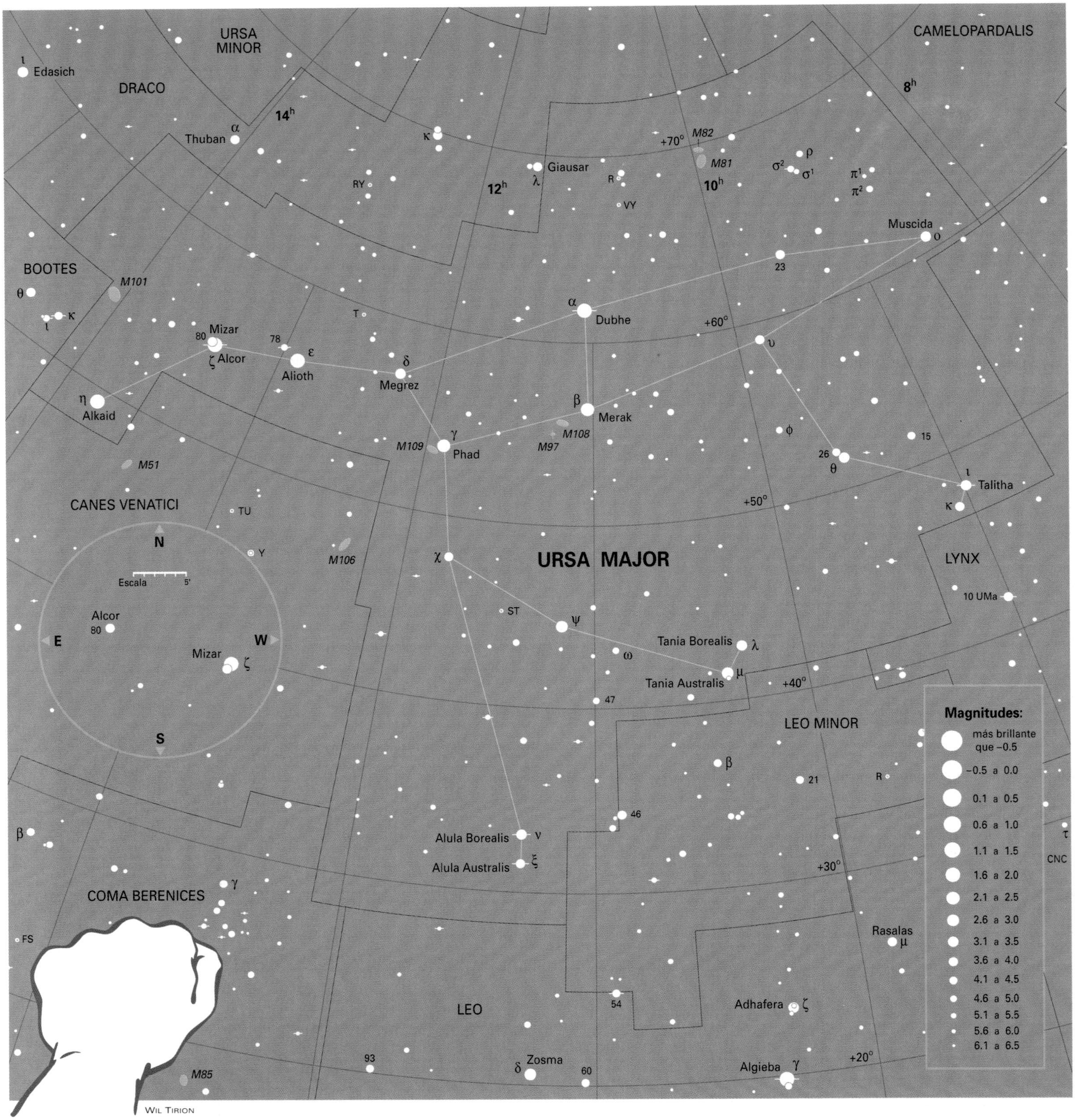

WIL TIRION

La Osa Mayor es la tercera constelación más extensa del firmamento. Las siete estrellas que conforman la conocida figura del Carro solo constituyen una parte del conjunto completo, los cuartos traseros y la cola de la osa. Todas las estrellas del Carro son de segunda magnitud a excepción de delta (δ) Ursae Majoris, que es de tercera magnitud.

A diferencia de la mayoría de las constelaciones, donde las estrellas más brillantes no mantienen ningún vínculo entre sí, cinco de las siete estrellas del Carro están relacionadas y se desplazan a la misma velocidad y en la misma dirección por el espacio. Es evidente que estas cinco estrellas nacieron juntas y que en la actualidad constituyen un cúmulo muy disperso. Las dos que no pertenecen al cúmulo son Alkaid (también conocida como Benetnasch), la última del pértigo, y Dubhe, en el remolque del Carro. En el transcurso de periodos extensos de tiempo, el movimiento relativo de Alkaid y de Dubhe con respecto a los otros cinco astros modifican considerablemente la conocida figura en forma de carro (véase el diagrama de la página anterior).

La estrella más célebre de la Osa Mayor es la segunda desde el final del pértigo. Se trata de dseda (ζ) Ursae Majoris, conocida popularmente como Mizar y de magnitud 2.2. Quien disfrute de buena vista apreciará cerca de ella una estrella de cuarta magnitud llamada Alcor. A Mizar y Alcor se les llama en ocasiones el caballo y el jinete. Ambas distan de nosotros unos 80 años-luz, pero es probable que se encuentren lo bastante separadas entre sí como para no formar una verdadera binaria. Sin embargo se desplazan juntas por el espacio, en compañía del resto de miembros que componen el cúmulo de la Osa Mayor.

La galaxia Remolino

Justo en la frontera de la Osa Mayor, en la constelación de los Lebreles o los Perros de Caza (Canes Venatici), se encuentra M51, una galaxia espiral muy conocida que recibe el nombre popular de galaxia Remolino. Se trata de la primera galaxia en la que se detectó una estructura espiral, un hallazgo de Lord Rosse en 1845. Una característica destacada de esta galaxia es que posee una galaxia satélite en el extremo de uno de sus brazos espirales, tal como revelan las fotografías de exposición larga. En condiciones óptimas, M51, de octava magnitud, puede apreciarse como una mancha brumosa a través de prismáticos. Los telescopios pequeños llegan a mostrar el núcleo central, de aspecto estelar, de la galaxia Remolino y su satélite, pero se precisan telescopios de gran porte para apreciar los brazos espirales. La galaxia Remolino dista de nosotros unos 25 millones de años-luz.

Al observar Mizar a través de un telescopio pequeño, se verá que cuenta con una compañera de cuarta magnitud mucho más cercana que Alcor y que sí guarda relación con ella. Observaciones precisas realizadas durante más de dos siglos han confirmado que esta estrella se desplaza muy despacio alrededor de Mizar siguiendo una órbita que tarda en completar unos 10000 años.

Esta compañera próxima a Mizar fue descubierta en 1650 por el astrónomo italiano Giovanni Riccioli. Aquel hallazgo convirtió a Mizar en la primera doble descubierta con telescopio, una de las varias primicias que ostenta esta estrella. Mizar fue también la primera doble que se fotografió. Ocurrió en Harvard gracias a George P. Bond en el año 1867. Además fue la primera binaria espectroscópica que se encontró, en 1889, como consecuencia del trabajo de Edward C. Pickering en Harvard. Y suele ser la primera estrella doble a la que apuntan los astrófilos con sus telescopios. Una binaria espectroscópica consiste en un par de estrellas demasiado próximas entre sí como para separarlas con telescopio y cuya naturaleza binaria solo puede deducirse a partir de sus espectros. En realidad, la compañera de Mizar (de cuarta magnitud) también es una binaria espectroscópica, lo cual convierte a Mizar en una familia de cuatro miembros. Asimismo, Alcor es otra binaria espectroscópica, con lo que completa una agrupación estelar estraordinaria.

Otra doble famosa, aunque mucho más difícil de apreciar, la constituye xi (ξ) Ursae Majoris. En este caso se trata de la primera doble de la que se calculó la órbita, en 1828, lo cual demostró que las estrellas se rigen por las mismas leyes gravitatorias que los planetas alrededor del Sol. Ambas componentes, de magnitud 4.3 y 4.8, se orbitan una a otra cada 60 años y se desplazan tan deprisa que su movimiento puede seguirse de un año para otro con telescopios de aficionado. Cuando las estrellas alcanzaron el máximo acercamiento mutuo, hacia 1993, se precisaban telescopios de 150 mm de abertura para separarlas, pero en 1997 bastaba con aplicar grandes aumentos a telescopios de 100 mm. Desde 1998, solo se han necesitado aberturas de 75 mm para apreciar ambas componentes y hacia el año 2035 alcanzarán su máxima separación.

La Osa Mayor contiene varias galaxias bastante alejadas de la nuestra. En la región septentrional de la constelación yacen M81 y M82, un dúo destacado. M81 es una de las galaxias espirales más bellas del firmamento y, con su séptima magnitud, una de las más fáciles de contemplar con instrumentos pequeños. Se aprecia como un objeto borroso de color blanquecino y un tamaño similar a la mitad del diámetro aparente de la Luna llena, mucho más brillante en el centro y de forma algo elíptica porque mantiene cierta inclinación con respecto a nuestra visual. En cielos nítidos y oscuros llega a vislumbrarse con prismáticos. M81 se parece a la gran galaxia espiral de la constelación de Andrómeda (Andromeda), M31, aunque no es tan extensa.

Medio grado al norte de M81, y por tanto apreciable dentro del mismo campo de visión si se usan pocos aumentos, se encuentra M82, una galaxia mucho más curiosa con forma de puro. M82 es más pequeña que M81 y su brillo se reduce a un cuarto del de aquella. Durante muchos años se creyó que M82 era una galaxia en explosión, pero investigaciones más recientes concluyen que en realidad se trata de una galaxia espiral cuya estructura se vio perturbada cuando pasó rozando M81 hace unos 600 millones de años. Su figura alargada se debe a que la vemos de perfil. M82 y M81 se hallan a unos 10 millones de años-luz de distancia.

La Osa Menor (Ursa Minor)

La Osa Menor (Ursa Minor), parece una versión más pequeña y más tenue de la Osa Mayor. Sus estrellas forman la figura de un carro que recuerda a la del Carro Mayor, pero con la curva del pértigo invertida. A diferencia de la Osa Mayor, las estrellas del Carro Menor no guardan ninguna relación mutua. Dos estrellas del remolque del Carro Menor, beta (β) Ursae Minoris, llamada Kochab y de segunda magnitud, y gamma (γ) Ursae Minoris, de tercera magnitud y llamada Pherkad, se conocen como las Guardas del polo norte. Una vista aguda o unos prismáticos revelarán que Pherkad tiene una compañera distante de quinta magnitud que, en realidad, es una estrella en primer plano con la que no se encuentra relacionada. Nótese además que la estrella más débil del remolque, eta (η) Ursae Minoris, consiste en dos estrellas de quinta magnitud también inconexas y bastante separadas.

La estrella más célebre de la Osa Menor es alfa (α) Ursae Minoris, más conocida como estrella Polar (Polaris). Este astro radica a menos de un grado del polo norte celeste (dos diámetros lunares), de modo que al observarla desde el polo norte terrestre, cae justo en la vertical. Aunque luce con una magnitud modesta de 2.0 al contemplarla desde la Tierra, si viajáramos a su entorno, a 430 años-luz de distancia, encontraríamos que se trata de una estrella impresionante, una supergigante amarilla cuyo diámetro puede superar en cien veces el del Sol y alumbra tanto como 2500 veces nuestro astro rey. Observada al telescopio, la Polar aparece como una perla engarzada en un collar de estrellas circundantes más tenues.

Los telescopios revelan asimismo que la Polar es una doble con una compañera de novena magnitud, aunque difícil de detectar con las aberturas más pequeñas debido a la gran diferencia de brillo entre las componentes. Esta acompañante orbita despacio alrededor de la Polar en el transcurso de miles de años. La Polar constituye un caso destacado de variable cefeida que casi ha dejado de pulsar. Sus pulsos han ido cesando de manera progresiva a lo largo del siglo veinte y se estabilizaron en la década de 1990 en varias centésimas de magnitud ofreciendo un ejemplo de estrella que evoluciona ante la vista de la comunidad astronómica. Se desconoce si los pulsos de la Polar emprenderán algún día un nuevo incremento.

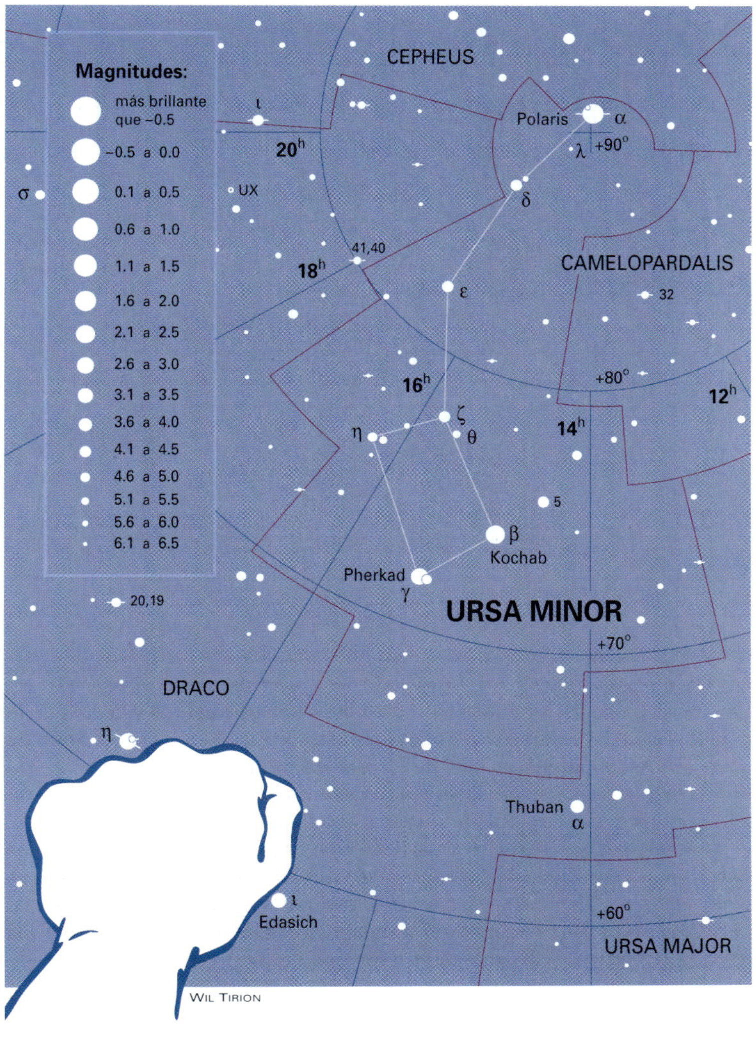

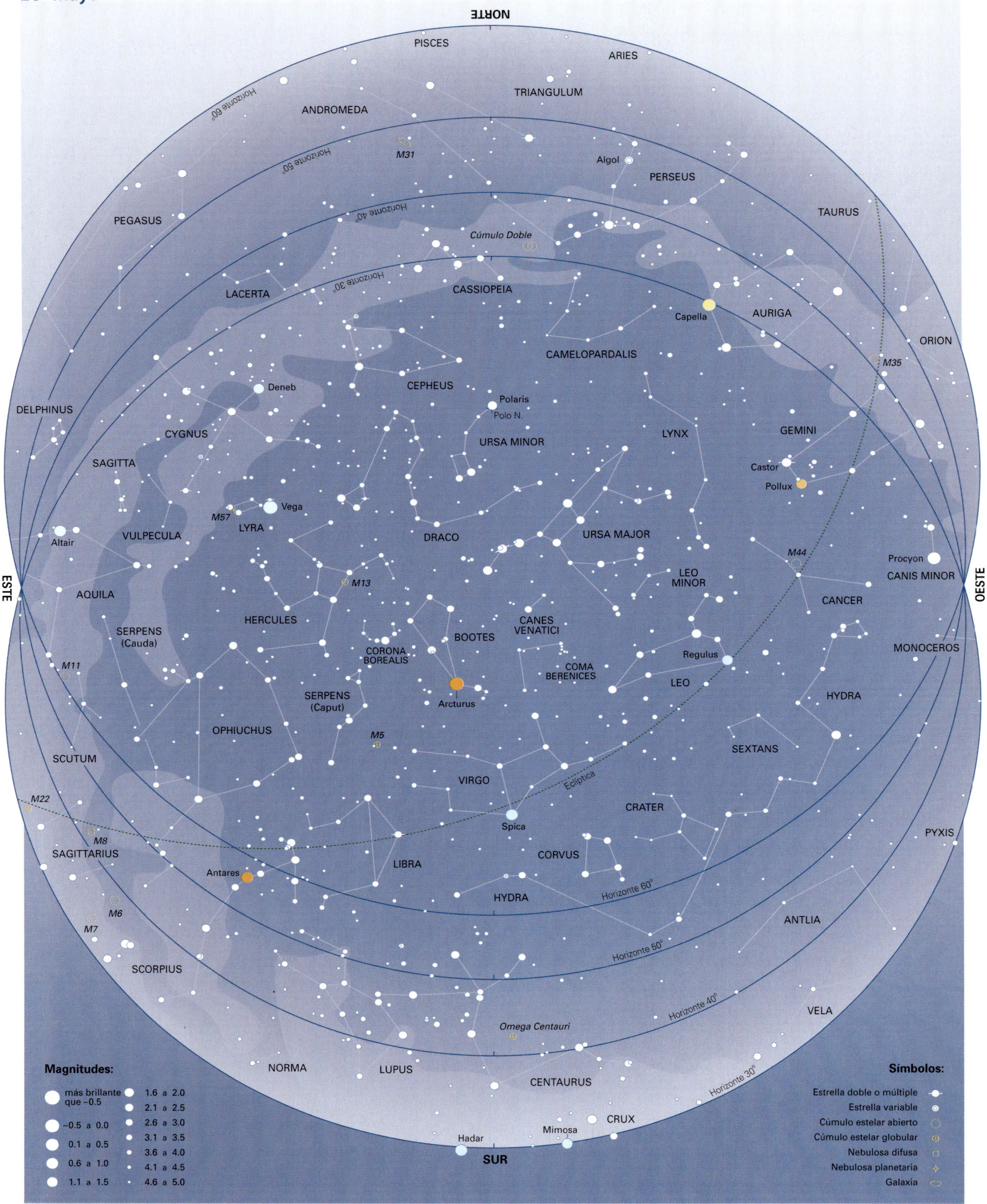

Fecha	ENERO		FEBRERO		MARZO		ABRIL		MAYO
Hora	6 a.m.	5 a.m.	4 a.m.	3 a.m.	2 a.m.	1 a.m.	medianoche	11 p.m.	10 p.m.
H. verano	7 a.m.	6 a.m.	5 a.m.	4 a.m.	3 a.m.	2 a.m.	1 a.m.	medianoche	11 p.m.

Mayo

Estrellas de referencia

La anaranjada Arturo (Arcturus) refulge alta sobre la vertical, mientras Espiga (Spica) centellea en el sur. Cástor (Castor) y Pólux (Pollux) se ponen por el horizonte occidental, seguidas de Régulo (Regulus) y las estrellas de Leo. La Osa Mayor (Ursa Majoris) continúa alta en el norte. Por el este empiezan a asomar las estrellas del Triángulo del Verano, encabezadas por la blanquiazul Vega. La rojiza Antares aparece ante la vista por el sudeste aunque permanecerá baja en el horizonte si se observa por encima de los 50° norte. Desde latitudes más meridionales, se trata del mes idóneo para recorrer los ricos campos estelares del Centauro (Centaurus) y el Lobo (Lupus), constelaciones que se hallan bien altas sobre el horizonte meridional en esta época.

Los planetas durante este mes

Venus

2003 Bajo por el este en el crepúsculo del alba a lo largo del mes.

2004 Comienza el mes como un objeto brillante al anochecer sobre Tauro, pero pronto irá perdiéndose en el crepúsculo hacia el final del mes.

2005 Inmerso en el crepúsculo del anochecer a lo largo del mes.

2006 Bajo en el crepúsculo matutino, hacia el este.

2007 Objeto vespertino muy destacado en Géminis (Gemini), con magnitud −4.2.

Marte

2003 Objeto matutino en Capricornio (Capricornus) cambiando de magnitud 0.0 a −0.6.

2004 Bajo en el cielo vespertino occidental después de la puesta de Sol, adelantando a Saturno, más brillante que él, hacia finales de mes.

2005 Objeto matutino, bajo, sobre Acuario (Aquarius), aumentando de brillo hasta alcanzar magnitud 0.3 hacia finales de mes.

2006 En el cielo occidental vespertino, en Géminis, y alcanza hacia finales de mes la frontera con Cáncer (Cancer).

2007 Bajo en el cielo oriental de la mañana, en Piscis.

Júpiter

2003 En Cáncer (Cancer) con magnitud −2.0.

2004 Casi estacionario en Leo con magnitud −2.1.

2005 Visible durante la mayor parte de la noche sobre Virgo con magnitud −2.3.

2006 Visible durante toda la noche en Libra, con magnitud −2.5. En oposición (visible hacia el sur a medianoche) el 4 de mayo, a 660 millones de kilómetros de la Tierra.

2007 Visible durante la mayor parte de la noche en la región sur de Ofiuco (Ophiuchus) con magnitud −2.6.

Saturno

2003 En el firmamento vespertino occidental con magnitud 0.1.

2004 Objeto vespertino en Géminis con magnitud 0.1. Marte, más débil, lo adelanta durante la segunda mitad del mes.

2005 Objeto vespertino sobre Géminis con magnitud 0.2.

2006 Objeto vespertino en Cáncer con magnitud 0.3.

2007 En la frontera entre Leo y Cáncer con magnitud 0.5.

Tránsito de Mercurio

2007 El día 7 de mayo se produce un tránsito de Mercurio ante el disco solar, visible desde Australia, Asia, Europa, África y las partes orientales de América. Si se observara desde el centro de la Tierra, el tránsito comenzaría a las 05:13 TU y terminaría a las 10:32 TU, pero las horas de inicio y final pueden diferir en varios minutos desde otros lugares de observación sobre la superficie de la Tierra. (Precaución: NUNCA debe mirarse al Sol directamente a través de ningún tipo de instrumento óptico.)

Eclipses

De Sol

2003 Eclipse anular de Sol el 31 de mayo; visible desde el norte de Escocia, Islandia y Groenlandia. Duración máxima, 3 minutos y 37 segundos. Desde el este de Europa, el norte de Asia y Alaska se verá como un eclipse parcial.

De Luna

2003 Eclipse lunar total el 16 de mayo; visible desde el norte y el sur de América, Europa y África. La totalidad comienza a las 03:14 TU y finaliza a las 04:07 TU.

2004 Eclipse lunar total el 4 de mayo; visible desde el este de América del Sur, Europa, África, Oriente Medio, Asia y Australia. La totalidad comienza a las 19:52 TU y termina a las 21:08 TU.

Meteoros de mayo

Este mes permite ver cómo se incinera en la atmósfera terrestre el rastro pulverulento del cometa Halley, que da lugar a la corriente meteórica eta (η) Acuáridas. Durante el máximo de esta lluvia, que se produce entre el 5 y el 6 de mayo cada año, radian unos 35 meteoros veloces por hora desde un punto celeste próximo a la estrella eta (η) Aquarii, en la región septentrional de la constelación de Acuario (Aquarius). El periodo de máxima actividad de esta corriente es amplio y la intensidad se mantiene alta durante varios días previos y posteriores a las fechas del máximo. Con todo, esta corriente es difícil de contemplar desde el hemisferio norte terrestre por dos razones. Como el radiante yace casi en el ecuador celeste, hay que observar desde lugares más meridionales que 40° norte para tener grandes probabilidades de divisar alguna eta acuárida. Además, el radiante no sale hasta las 2:00 de la madrugada, y desde las latitudes septentrionales no alcanza gran altura en el firmamento antes del alba, lo cual impone limitaciones considerables a la observación. En suma, se trata de una corriente difícil de contemplar.

El Boyero (Bootes)

La gran constelación del Boyero (Bootes) luce alta en el firmamento vernal. Es fácil de encontrar próxima a la cola de la Osa Mayor (Ursa Major). Según el mito, el Boyero y la Osa Mayor se hallan inseparablemente unidas. En algunas leyendas, el Boyero representa a un hombre arando o guiando un carro (la Osa Mayor se interpreta a menudo como un carro), mientras que en otras versiones representa a un pastor o un cazador que persigue a la Osa Mayor alrededor del polo.

La estrella más brillante de la constelación es Arturo (Arcturus), nombre griego que significa «guardián de osos». Era una estrella relevante para los griegos de la antigüedad porque se basaban en su salida y su puesta para seguir los cambios estacionales. Hoy en día, la aparición de Arturo en el firmamento temprano de la tarde constituye un signo bien recibido de la proximidad de la primavera.

Con magnitud −0.05, Arturo ocupa el cuarto lugar entre las estrellas más brillantes de todo el cielo, destacando algo más que Vega. Si se observa con detenimiento se ve que tiene una llamativa tonalidad anaranjada que se torna más manifiesta al contemplarla con prismáticos. Arturo pertenece al tipo estelar de las gigantes rojas. Es roja (o para ser más precisos, anaranjada) porque tiene una temperatura relativamente fría en superficie que equivale a dos tercios de la del Sol. Y se trata en efecto de una gigante porque su diámetro supera 27 veces el del astro rey. Arturo emite cien veces más luz que el Sol y dista de él 37 años-luz.

Aunque Arturo supere con tanta diferencia el tamaño y el brillo del Sol, cuenta en realidad con una masa semejante a la de este. Entonces, ¿por qué difieren tanto ambos astros? La razón estriba en que Arturo se acerca al final de su existencia, mientras que el Sol es de mediana edad. A medida que las estrellas envejecen, se hinchan hasta convertirse en gigantes rojas. Algún día nuestro Sol pasará a ser una gigante roja, si bien por fortuna esto no ocurrirá hasta dentro de varios miles de millones de años. En consecuencia, al contemplar Arturo podemos considerar que presenciamos por adelantado el aspecto que tendrá el Sol dentro de 5000 millones de años. Cuando el Sol se convierta en gigante roja, la Tierra y la vida que alberga quedarán abrasadas hasta reducirse a cenizas. Tal vez Arturo tuviera alguna vez un planeta con vida.

El Boyero está bien surtido de dobles atractivas, pero la más célebre de todas ellas resulta muy difícil de separar con telescopios pequeños de aficionado, debido a la proximidad que presentan las componentes. La estrella en cuestión es épsilon (ε) Bootis, a veces conocida como Izar, «el cinturón», o como Pulcherrima, es decir, «la más bella», debido al contraste cromático de ambas estrellas. A simple vista muestra magnitud 2.4, pero en realidad está formada por una gigante roja de magnitud 2.5 y una compañera verdiazul de magnitud 4.7. Mantienen entre sí una separación aparente de 2.9 segundos de arco, que requeriría un refractor de 50 mm de potencia para separarlas en caso de que ambas tuvieran un brillo parecido. Pero en la práctica, la diferencia de brillo implica que la estrella más débil resulta difícil de separar del astro más luminoso incluso usando un telescopio de 75 mm. Se necesitan muchos aumentos y gran estabilidad en el aire para apreciar aislados ambos astros, pero el par ofrece una imagen pasmosa a quienes lo consiguen.

Una tarea más sencilla consiste en buscar cappa (κ) Bootis en el norte de la constelación, formada por dos estrellas blancas de quinta y séptima magnitudes fáciles de separar con telescopios pequeños. Un par similar pero más apretado es pi (π) Bootis, en el sur de la constelación. Para contemplar un par con tonos más intensos hay que buscar xi (ξ) Bootis, estrella de quinta magnitud de color amarillo dorado con una compañera anaranjada de séptima magnitud que la orbita cada 150 años. La diferencia de color las convierte en un dúo excepcional.

Más compleja es la estrella blanca de magnitud 4.3 mi (μ) Bootis, cuyo nombre, Alkalurops, procede del árabe y alude al cayado o bastón del pastor. Los prismáticos revelan que tiene una compañera de séptima magnitud que a su vez consiste en una doble muy angosta cuyas componentes se orbitan cada 250 años. Estas últimas pueden resolverse con telescopios de 75 mm de abertura y grandes aumentos.

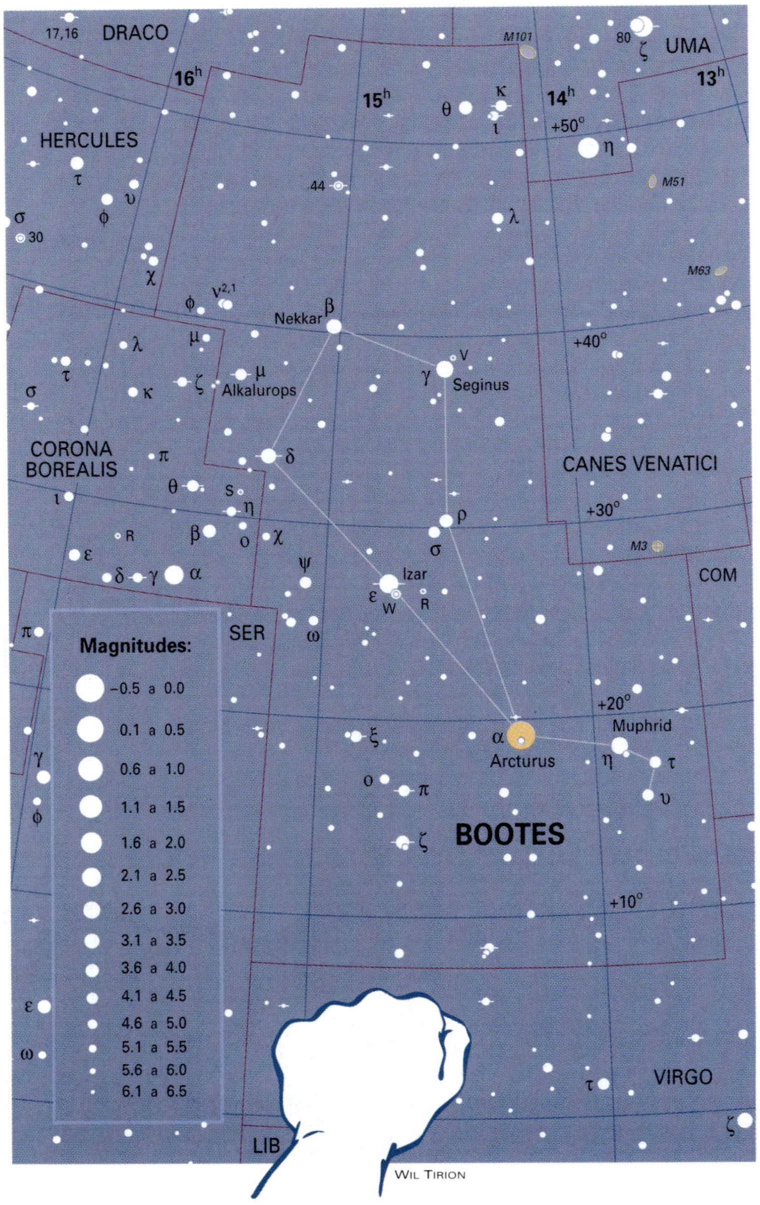

Virgo

Durante este mes, la segunda constelación más extensa del firmamento luce en el sur hacia las 22:00 horas. Nos referimos a Virgo, la Virgen, que suele representarse como una muchacha portando una espiga de trigo simbolizada por una estrella llamada así, la Espiga (Spica). Como tal se la asocia con Deméter, diosa de las cosechas. Pero Virgo posee una segunda identidad, la de la diosa de la justicia, y en este caso se la representa portando los platillos de la balanza de la justicia, simbolizada por la vecina constelación de Libra.

A pesar de su gren extensión, Virgo no es una constelación especialmente destacada, a excepción de la blanquiazulada Espiga, de magnitud 1.0. En realidad, la Espiga es más de dos veces más caliente que Sirio (Sirius) y 100 veces más luminosa, pero en nuestros cielos aparece más tenue que Sirio porque se halla a una distancia mucho mayor, a 260 años-luz.

Virgo contiene una de las estrellas dobles más conocidas, gamma (γ) Virginis, también llamada Porrima en honor a la diosa romana de la profecía. A simple vista, gamma Virginis se muestra como una estrella de magnitud 2.7, pero en realidad consiste en un par de estrellas blancas idénticas, cada una con magnitud 3.5, que se orbitan cada 169 años. Su movimiento orbital se percibe con telescopios pequeños. En la actualidad, ambas componentes se están acercando de manera que cada vez resulta más difícil separarlas. La separación alcanzará el mínimo en 2005 y entonces será irresoluble con aberturas inferiores a los 250 mm. Después volverán a apartarse hasta que desde 2012, y por el resto del siglo, se convertirán en un objeto fácil para telescopios pequeños.

El tesoro oculto de Virgo lo conforma un cúmulo de galaxias distantes que se extiende en el extremo septentrional de la constelación hasta la frontera con la Cabellera de Berenice (Coma Berenices). Este cúmulo alberga unas 3000 galaxias, centradas en la elíptica gigante M87 que, con telescopios pequeños, o incluso prismáticos, se ve como una mancha de novena magnitud. M87 es conocida en radioastronomía como la poderosa radiofuente Virgo A. Las fotografías de exposición prolongada revelan que M87 expulsa un chorro de gas luminoso, como si la galaxia hubiera sufrido en el pasado algún evento violento. Se cree que la actividad de M87 se debe a un agujero negro masivo alojado en su núcleo, que expulsa a lo largo de su eje de rotación el gas que conforma el chorro.

El cúmulo de Virgo posee un interés particular en la comunidad astronómica porque de los grandes cúmulos de galaxias se trata del más próximo a nosotros. La mayoría de las galaxias, puede que todas, se encuentran agrupadas en cúmulos de tamaños diversos. Nuestra galaxia forma parte de un cúmulo que cuenta con algo más de unos 30 miembros, al cual denominamos Grupo Local, y que, según algunos astrónomos, pertenece a su vez a lo que llamamos un supercúmulo centrado en el cúmulo de Virgo. No hace mucho, el telescopio espacial Hubble ha medido que el cúmulo de Virgo se halla a 50 millones de años-luz. A distancias tales ninguna galaxia se muestra especialmente grande o brillante, pero varias de ellas quedan al alcance de telescopios de poco porte. Además de la ya mencionada M87, conviene apuntar a M49, una elíptica de octava magnitud; a M60, galaxia elíptica de novena magnitud; y a M84 y M86, un par de elípticas de novena magnitud.

En Virgo se encuentra otra galaxia notable en la linde con la constelación del Cuervo (Corvus). Se trata de M104, una espiral de octava magnitud que no forma parte del cúmulo de Virgo, sino que dista algo menos de nosotros, 40 millones de años-luz. M104 se ve de canto, de manera que, aunque en realidad sea una espiral, se muestra elíptica al contemplarla con telescopios pequeños. Popularmente se la conoce como galaxia Sombrero, porque en las fotografías de larga exposición recuerda a un sombrero de ala ancha. Sin embargo, al observarla con telescopios pequeños no se verá nada más que una mancha alargada.

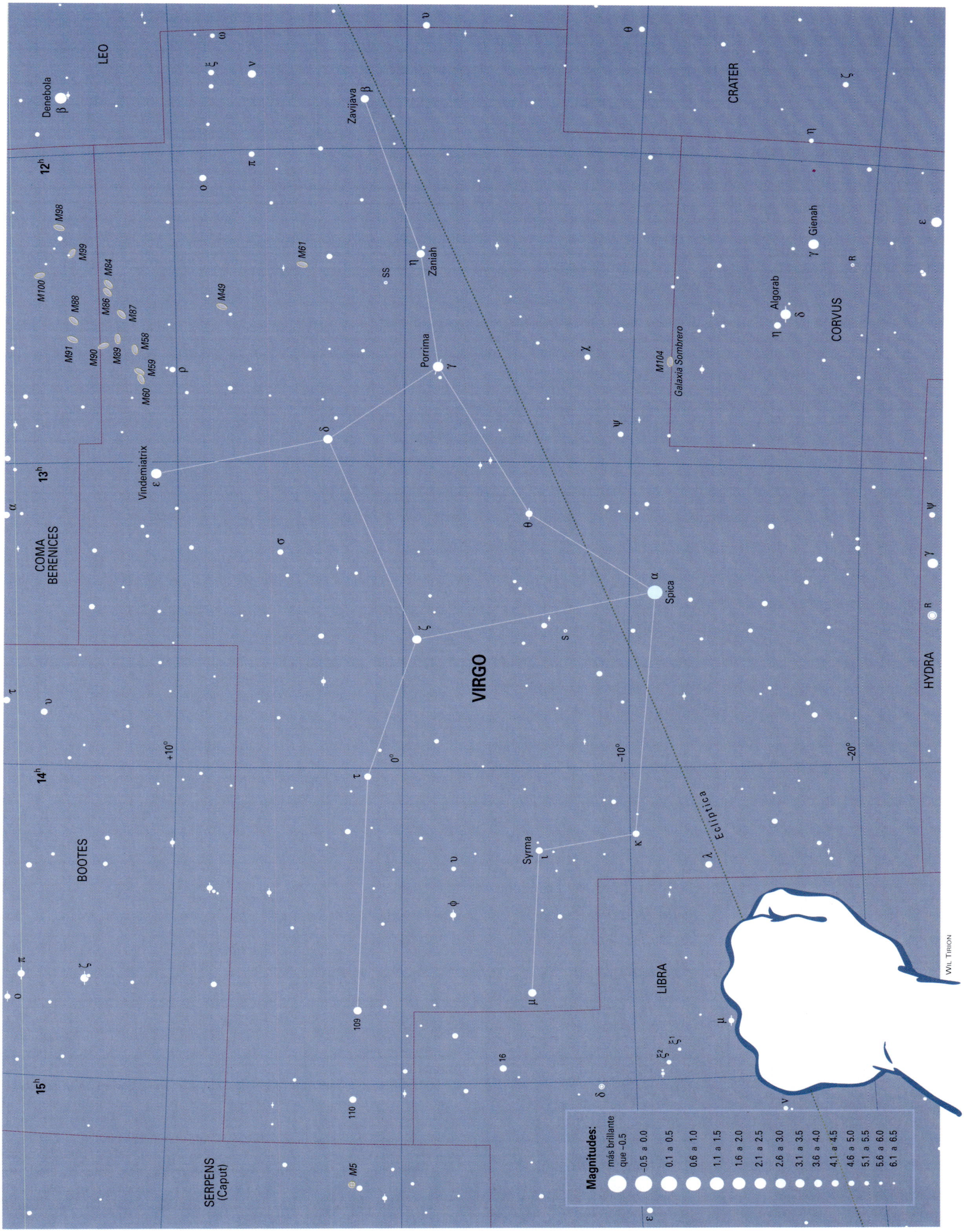
LEO
Denebola
CRATER
CORVUS
Algorab
Gienah
Zavijava
Zaniah
Porrima
Vindemiatrix
Spica
Syrma
COMA BERENICES
VIRGO
BOOTES
HYDRA
LIBRA
SERPENS (Caput)
M104
Galaxia Sombrero
M98
M99
M100
M84
M86
M88
M87
M91
M90
M89
M58
M59
M60
M49
M61
M5
12h
13h
14h
15h
+10°
0°
−10°
−20°
Eclíptica
Magnitudes:
más brillante que −0.5
−0.5 a 0.0
0.1 a 0.5
0.6 a 1.0
1.1 a 1.5
1.6 a 2.0
2.1 a 2.5
2.6 a 3.0
3.1 a 3.5
3.6 a 4.0
4.1 a 4.5
4.6 a 5.0
5.1 a 5.5
5.6 a 6.0
6.1 a 6.5
Wil Tirion

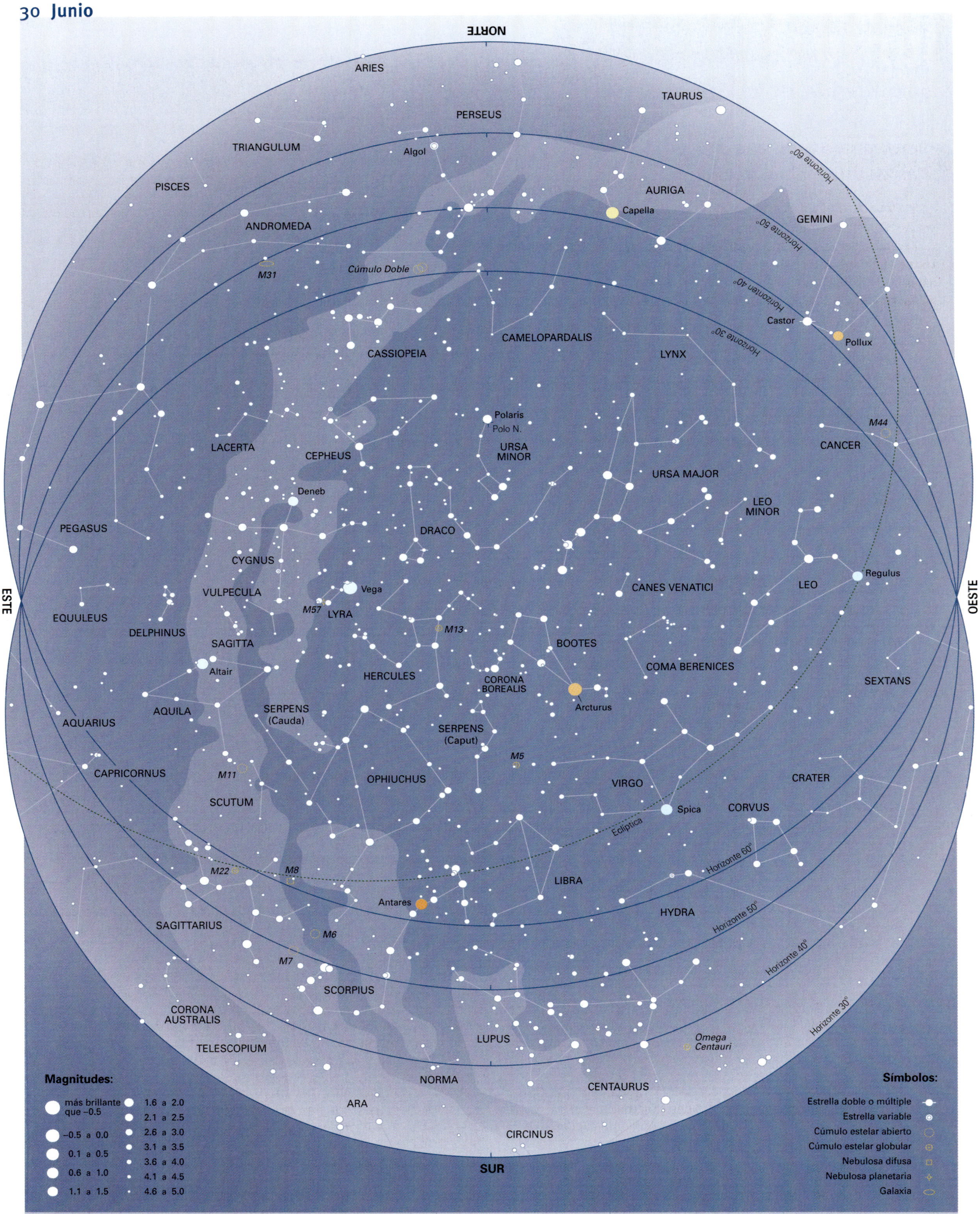

Fecha	FEBRERO		MARZO		ABRIL		MAYO		**JUNIO**
Hora	6 a.m.	5 a.m.	4 a.m.	3 a.m.	2 a.m.	1 a.m.	medianoche	**11 p.m.**	**10 p.m.**
H. verano	7 a.m.	6 a.m.	5 a.m.	4 a.m.	3 a.m.	2 a.m.	1 a.m.	**medianoche**	**11 p.m.**

Junio

Estrellas de referencia

Arturo (Arcturus) fulgura en la vertical a medida que el firmamento se oscurece en los anocheceres de junio. La Espiga (Spica) continúa destacando en el sudoeste, aunque Régulo (Regulus) y las estrellas de Leo se encuentran más próximas al horizonte occidental y se ocultan antes de la medianoche. En el norte, el Carro luce con el pértigo hacia abajo. En el sur se encuentran Antares y las estrellas de Escorpio (Scorpius), rozando el horizonte si se observan desde latitudes muy septentrionales, pero bien situadas para contemplarlas desde latitudes más meridionales. Sobre Antares se halla la despoblada zona celeste que ocupan las vastas constelaciones de Ofiuco (Ophiuchus) y la Serpiente (Serpens). Por el cielo oriental empiezan a destacar Vega, Deneb y Altair, los astros que forman el Triángulo del Verano.

Los planetas durante este mes

Venus

2003 Inmerso en el crepúsculo del alba.

2004 En conjunción inferior (entre la Tierra y el Sol) el 8 de junio, pero a finales de mes asoma en el cielo del amanecer con magnitud −4.4.

2005 A lo largo del mes irá asomando en el firmamento vespertino bajo por el oeste tras la puesta del Sol. Mercurio, más débil, pasa cerca de Venus en la última semana de junio, y Saturno brilla también en los alrededores.

2006 Situado bajo, en el crepúsculo de la mañana.

2007 Destaca en el cielo occidental con magnitud −4.4. En su máxima elongación (mayor separación del Sol), 45°, el 9 de junio. Termina el mes cerca de Saturno, más débil.

Marte

2003 Se desplaza de Capricornio (Capricornus) a Acuario (Aquarius), incrementando su brillo hasta magnitud −1.4.

2004 Bajo por el oeste, perdiéndose en el crepúsculo del atardecer a lo largo del mes.

2005 Objeto matutino que aparece bajo hacia el sudeste. Se desplaza de Acuario a Piscis (Pisces) a medida que gana brillo hasta alcanzar magnitud 0.0 a finales del mes.

2006 En el cielo de la tarde, hacia poniente, en Cáncer (Cancer). Pasa cerca de Saturno, más brillante, en la tercera semana de junio.

2007 Objeto de primera magnitud en el cielo de levante, por la madrugada, en Piscis.

Júpiter

2003 Objeto vespertino, bajo por el oeste, entre Cáncer y Leo.

2004 En Leo con magnitud −1.9.

2005 Objeto vespertino estacionario sobre Virgo con magnitud −2.1.

2006 Visible durante la mayor parte de la noche entre las estrellas de Libra y Virgo, con magnitud −2.4.

2007 Visible durante toda la noche en la región sur de Ofiuco (Ophiuchus) con magnitud −2.6. Oposición (hacia el sur a medianoche) el 5 de junio, a 644 millones de kilómetros de la Tierra.

Saturno

2003 Se desvanece en el crepúsculo vespertino a primeros de mes. En conjunción (detrás del Sol) el 24 de junio.

2004 A lo largo de este mes se pierde en el crepúsculo del anochecer.

2005 Bajo en el crepúsculo de la tarde, hacia el oeste. Cerca de Mercurio y Venus, ambos más brillantes, en la última semana de junio.

2006 En el cielo de la tarde, hacia poniente. Pasa al sur del cúmulo estelar del Pesebre. Marte, más débil, pasa cerca de Saturno en la tercera semana del mes.

2007 En el cielo del oeste al principio de la noche, con magnitud 0.6. Al final del mes aparece cerca de Venus, más brillante.

Tránsito de Venus

2004 El tránsito de Venus ante el disco del Sol que se producirá el 8 de junio de 2004 será visible desde Australia, Asia, Europa, África y las regiones orientales de América. Visto desde el centro de la Tierra, el tránsito comienza a las 05:14 TU y termina a las 11:26 TU. Los instantes de inicio y fin para otros lugares del globo pueden diferir en varios minutos. (Precaución: NUNCA debe mirarse al Sol directamente a través de ningún tipo de instrumental óptico.)

Hércules (Hercules)

Dos gigantes lucen cara a cara en el cielo de junio. Hércules (Hercules) se identifica con el héroe griego que ejecutó doce trabajos por orden del rey Euristeo de Micenas. El otro personaje es Ofiuco (Ophiuchus), un hombre con una serpiente enroscada al cuerpo. Ambas constelaciones son extensas (Hércules ocupa el quinto lugar entre las más grandes del firmamento y Ofiuco, el undécimo), pero ninguna de ellas destaca demasiado. Ninguna estrella de Hércules brilla más que tercera magnitud y, en consecuencia, no resultan fáciles de localizar. Esta constelación hay que buscarla entre las estrellas brillantes Vega y Arturo (Arcturus).

Los mapas estelares antiguos representan Hércules como un hombre hincado sobre una rodilla y blandiendo un garrote. Uno de los pies, el que señala la estrella iota (ι) Herculis, descansa sobre la cabeza del Dragón (Draco). Para los griegos de la antigüedad, esta constelación no era más que el hombre arrodillado «cuyo nombre y ocupación nadie conoce», según escribió el poeta griego Arato en el siglo tercero a. de C. Su asociación con Hércules llegó más tarde. El hecho de que esta constelación fuera anónima para los griegos antiguos sugiere que no la crearon ellos, sino que la heredaron de una civilización anterior, tal vez de los babilonios de Oriente Medio.

Hércules aparece del revés en el firmamento. La cabeza cae al sur de la constelación, cerca de la frontera con Ofiuco, y está indicada por la estrella alfa (α) Herculis conocida popularmente como Rasalgethi, que en árabe significa «cabeza del arrodillado». Alfa Herculis suele clasificarse como gigante roja, pero en ocasiones se la sitúa entre las supergigantes. Igual que la mayoría de estrellas gigantes, cambia de brillo a medida que varía su tamaño. Su magnitud oscila entre la tercera y la cuarta sin un periodo estable.

Alfa Herculis es una de las estrellas más grandes que se conocen, pero como ocurre con todas las estrellas que se hinchan así, sus dimensiones exactas son un tanto inciertas. De acuerdo con la distancia a la que se halla, unos 400 años-luz, tiene que emitir hasta 1000 veces más luz que el Sol y contar con un diámetro varias veces superior al de este, tan extenso que podría tragarse con facilidad la órbita del planeta Marte.

Alfa Herculis también es una doble espléndida, aunque apretada, para observar con telescopios pequeños. Su cercana compañera de quinta magnitud se muestra verdosa en contraste con el color de cobre bruñido que presenta la propia alfa Herculis. Ambas estrellas forman una binaria de movimiento lento cuyas componentes se orbitan cada varios miles de años.

Hércules es una buena zona para cazar estrellas dobles. Comencemos por delta (δ) Herculis, un dúo que no guarda relación, de magnitudes tercera y octava. Otro par sin vínculo alguno es cappa (κ) Herculis, una gigante amarilla de quinta magnitud con una compañera gigante anaranjada bastante separada de sexta magnitud. Ro (ρ) Herculis es un par bien dispuesto de estrellas de quinta y sexta magnitudes ambas blancas. A continuación puede observarse 95 Herculis, un par atractivo de estrellas de quinta magnitud de colores dorado y plateado, como los adornos de un árbol de navidad. Por último, no hay que olvidarse de 100 Herculis, una pareja igualada de estrellas blancas de sexta magnitud, fácil de separar con telescopios pequeños.

La región más llamativa de Hércules la conforma el trapecio que representa la pelvis, formado por cuatro estrellas: dseda (ζ), eta (η), épsilon (ε) y pi (π) Herculis. Entre eta y dseda Herculis yace una de las maravillas del firmamento, el cúmulo globular M13, una urbe de 300 000 estrellas o más, comprimidas en una esfera de 100 años-luz de diámetro.

M13 es uno de los 150 cúmulos globulares que se distribuyen en un halo alrededor de nuestra Galaxia. Se trata del más brillante de los cielos boreales y llega a vislumbrarse en noches transparentes como una mancha luminosa semejante a una estrella débil desenfocada. Los prismáticos lo muestran como una misteriosa bola resplandeciente que cubre alrededor de un tercio del diámetro de la Luna. Nótese que va aumentando de brillo hacia el centro, donde se aglomera una densidad estelar mayor. Las estrellas más brillantes del cúmulo son gigantes y emiten tanta luz como mil veces el Sol. Con telescopios pequeños, estas gigantes aparecen superpuestas en el fulgor conjunto de fondo y confieren al cúmulo un aspecto granulado extraordinario al contemplarlo con grandes aumentos. Si residiéramos en un planeta inmerso en M13 veríamos el cielo colmado de miles de estrellas deslumbrantes, cuyo brillo rivalizaría en algunos casos con el de la Luna llena, y no habría noches verdaderas.

Hércules contiene otro cúmulo globular, M92, menor que M13 y con casi la mitad de su brillo, pero fácil de contemplar con prismáticos. Compárense ambos cúmulos y nótese que el centro de M92 brilla más que el de M13 debido a la mayor densidad de estrellas. Esta circunstancia le confiere a M92 un aspecto más estelar que el de M13 y, de hecho, cabría confundir M92 con una estrella. M92 se halla a casi 30 000 años-luz de distancia, algo más alejado que M13.

Ofiuco (Ophiuchus)

Ofiuco constituye una de las costelaciones menos conocidas del firmamento. Abarca la región situada alrededor del ecuador celeste entre Hércules (Hercules) y Escorpio (Scorpius). Representa al dios griego de la medicina, Asclepio (el romano Esculapio). Su símbolo era la serpiente y, en el cielo, Ofiuco se encuentra estrechamente unido a la constelación de la Serpiente (Serpens), que aparece enrrollada alrededor de él. Ofiuco divide la constelación de la Serpiente en dos partes, una disposición única en el firmamento. Serpens Caput, la cabeza de la serpiente, se encuentra a un costado de Ofiuco (al este), mientras que Serpens Cauda, la cola, cae al otro costado (al oeste). No obstante, ambas mitades de la Serpiente se consideran una sola constelación. Este tríptico celeste que forman Ofiuco y ambos extremos de la Serpiente luce hacia el sur en las noches del verano.

Ofiuco alberga una buena cantidad de cúmulos globulares, de los cuales destacan en brillo M10, M12 y M62, todos ellos de séptima magnitud y visibles a través de prismáticos, aunque palidecen al compararlos con M13 en Hércules. Mucho más atractivo es el cúmulo abierto IC 4665, un grupo estelar disperso con alrededor de 20 miembros de séptima magnitud y más tenues, que cae en el mismo campo de visión que la gigante anaranjada beta (β) Ophiuchi. Este cúmulo es idóneo para observarlo con prismáticos debido a su gran extensión aparente, mayor que la de la Luna llena.

Para contemplar una estrella doble llena de atractivo hay que apuntar un telescopio pequeño a 36 Ophiuchi en las regiones meridionales de la constelación. El instrumento mostrará un par de enanas anaranjadas iguales y de quinta magnitud. Obsérvese a continuación 70 Ophiuchi, más al norte, un dúo amarillo dorado y naranja con magnitudes 4.2 y 6.1 que orbita cada 88 años. En la actualidad, ambas componentes se alejan una de la otra según se divisan desde la Tierra, de modo que deberían poder resolverse sin dificultad con los telescopios más pequeños. Sería interesante observar que año tras año va resultando más sencillo separarlas con telescopios pequeños a medida que aumente la distancia entre ellas, lo cual ocurrirá hasta el año 2025. Ningún observador debería perderse 70 Ophiuchi, una de las dobles más famosas del firmamento.

En la frontera de esta constelación con Escorpio (Scorpius), justo al norte de Antares, se halla una múltiple excepcional para aberturas pequeñas, ro (ρ) Ophiuchi. Con pocos aumentos se ve una agrupación en forma de uve con una estrella de quinta magnitud en el vértice acompañada de dos estrellas de séptima magnitud. Con mucha potencia se aprecia que la estrella que ocupa el vértice del triángulo es a su vez una doble formada por un par estrecho de quinta y sexta magnitudes. Las fotografías de exposición larga muestran que toda esta zona se encuentra rodeada por una tenue bruma de nebulosidad que continúa hacia el sur hasta Antares.

La estrella de Barnard

Curiosamente, la estrella más conocida de Ofiuco (Ophiuchus) no se distingue a simple vista, ni resulta fácil de encontrar con telescopios pequeños. Aun así, merece la pena buscarla porque es la segunda estrella más próxima al Sol y, también, la que presenta un movimiento más rápido en el firmamento.

Hablamos de la estrella de Barnard, una enana roja con magnitud 9.5 y a 6 años-luz de distancia. Debe su nombre al astrónomo estadounidense Edward Emerson Barnard, quien en 1916 reparó en que esta estrella había experimentado un cambio acusado de posición de una fotografía a otra tomadas con una diferencia temporal de 22 años. Todas las estrellas se mueven, pero el desplazamiento de la mayor parte de ellas resulta casi imperceptible. La posición de la estrella de Barnard varía 10.4 segundos de arco al año, lo cual la convierte en la más veloz del cielo. En 180 años cubre una distancia similar al diámetro aparente de la Luna llena.

Además de desplazarse sobre el fondo del cielo, la estrella de Barnard se está acercando al Sol y alcanzará la distancia mínima hacia el año 11800, cuando se situará a 3.8 años-luz, más cerca incluso que alfa Centauri en la actualidad. Sin embargo, es tan débil que aun entonces lucirá con magnitud 8.5. La estrella de Barnard posee una masa similar al 15 por ciento de la masa del Sol y es 2300 veces menos brillante que este.

La estrella de Barnard se encuentra a la izquierda de beta (β) Ophiuchi, cerca de la estrella de quinta magnitud 66 Ophiuchi, un astro ligeramente variable. La carta de este recuadro ilustra lo rápido que varía la posición de la estrella. Conviene observarla a lo largo de bastantes años para apreciar también por uno mismo el movimiento de esta estrella fugitiva.

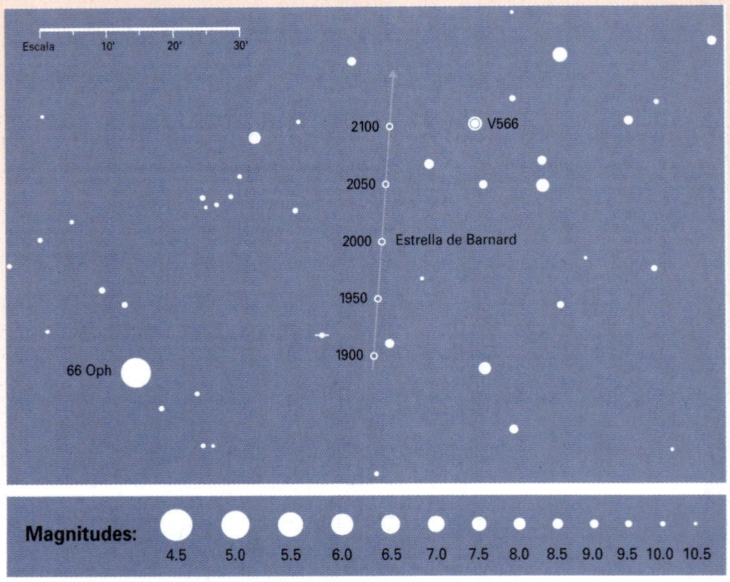

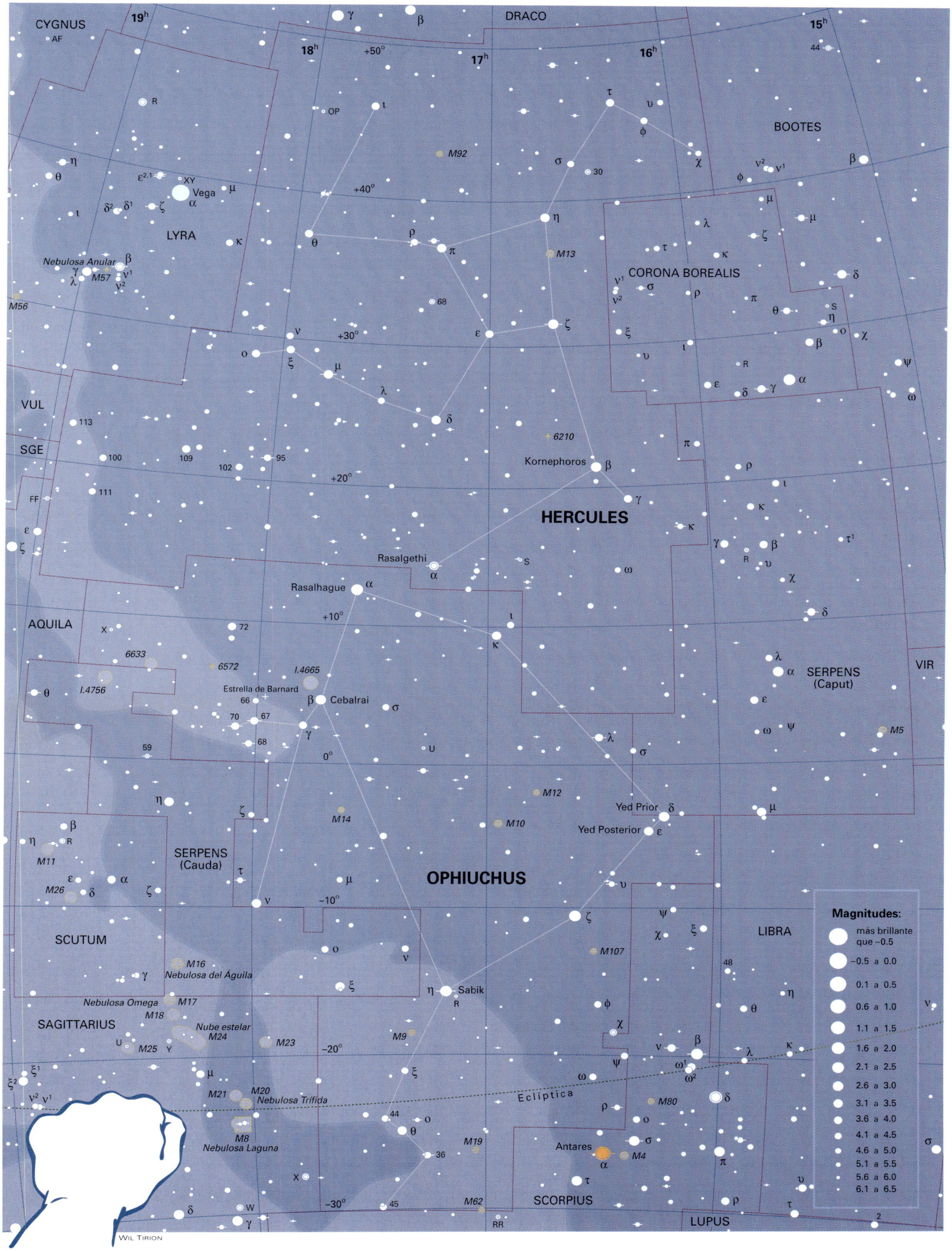
CYGNUS
DRACO
BOOTES
LYRA
Vega
Nebulosa Anular
M57
M56
M92
M13
CORONA BOREALIS
VUL
SGE
HERCULES
Kornephoros
6210
Rasalgethi
Rasalhague
AQUILA
6633
6572
I.4665
I.4756
Estrella de Barnard
Cebalrai
SERPENS
(Caput)
VIR
M5
M12
Yed Prior
Yed Posterior
M14
M10
SERPENS
(Cauda)
OPHIUCHUS
M11
M26
SCUTUM
M16
Nebulosa del Águila
M107
LIBRA
Sabik
Nebulosa Omega
M17
M18
SAGITTARIUS
Nube estelar
M24
M25
M23
M9
M21
M20
Nebulosa Trífida
Eclíptica
M80
M8
Nebulosa Laguna
M19
Antares
M4
SCORPIUS
M62
LUPUS
+50°
+40°
+30°
+20°
+10°
0°
−10°
−20°
−30°
19h
18h
17h
16h
15h
Magnitudes:
más brillante que −0.5
−0.5 a 0.0
0.1 a 0.5
0.6 a 1.0
1.1 a 1.5
1.6 a 2.0
2.1 a 2.5
2.6 a 3.0
3.1 a 3.5
3.6 a 4.0
4.1 a 4.5
4.6 a 5.0
5.1 a 5.5
5.6 a 6.0
6.1 a 6.5
Wil Tirion

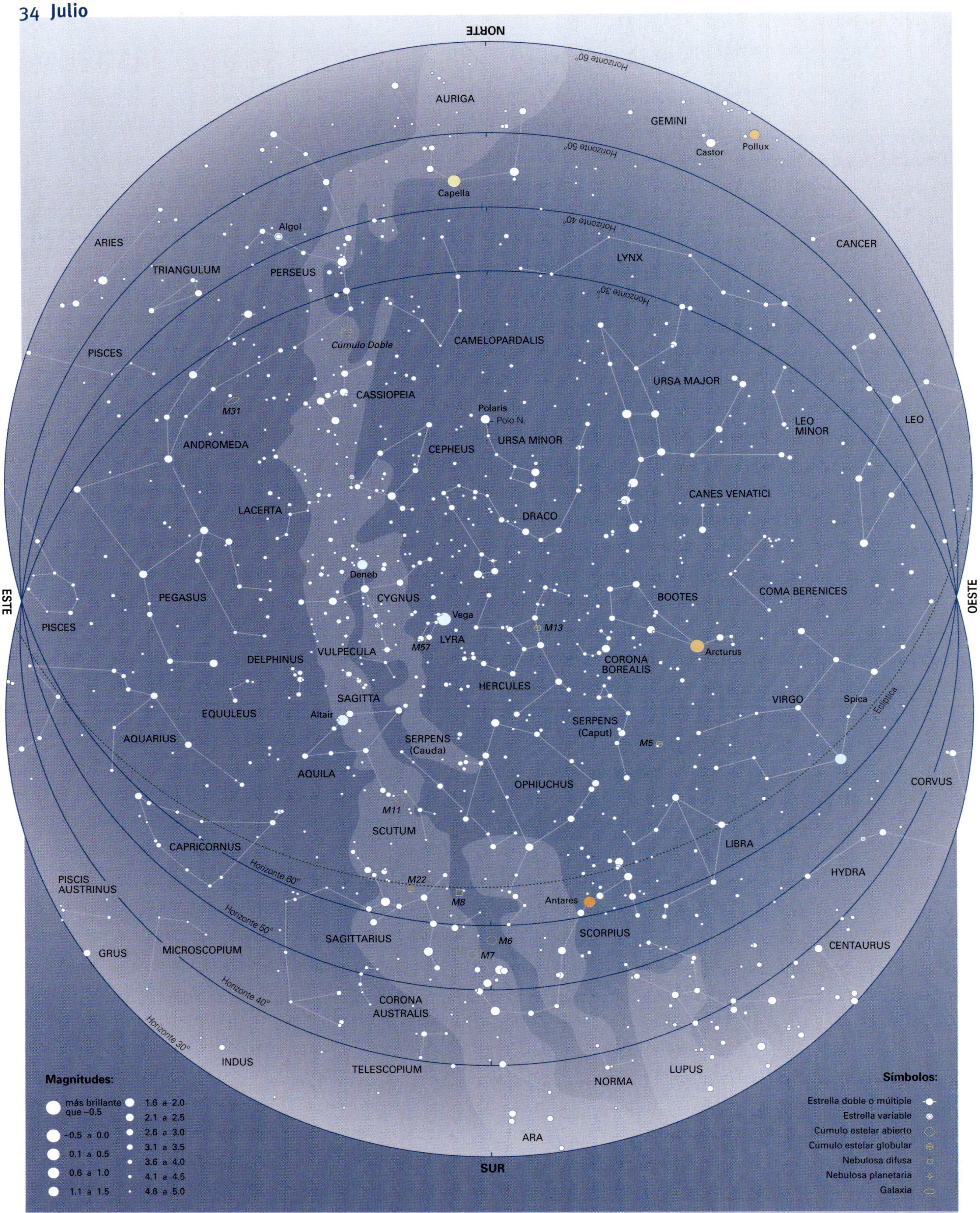

Fecha	ABRIL		MAYO		JUNIO		**JULIO**		AGOSTO
Hora	4 a.m.	3 a.m.	2 a.m.	1 a.m.	medianoche	**11 p.m.**	**10 p.m.**	**9 p.m.**	8 p.m.
H. verano	5 a.m.	4 a.m.	3 a.m.	2 a.m.	1 a.m.	**medianoche**	**11 p.m.**	**10 p.m.**	9 p.m.

Julio

Estrellas de referencia

La brillante y blanquiazulada Vega fulgura como un zafiro en la vertical encabezando el Triángulo estelar del Verano en los cielos de julio. Arturo (Arcturus) se hunde por el sudoeste, mientras que a la Espiga (Spica) le queda poco para desvanecerse bajo el horizonte. Antares aún llega a verse baja por el sudoeste. Los campos estelares meridionales de Escorpio (Scorpius) y Sagitario (Sagittarius) ocupan durante este mes la mejor posición para observarlos al anochecer. Capella centellea baja en el horizonte del norte al contemplarla desde latitudes muy septentrionales. En el horizonte oriental, el cuadrado de Pegaso (Pegasus) anuncia la llegada de las estrellas del otoño.

Los planetas durante este mes

Venus

2003 Demasiado próximo al Sol para ser visible.
2004 Objeto brillante al amanecer en Tauro con magnitud −4.5.
2005 Objeto vespertino bajo en el crepúsculo por el oeste.
2006 Bajo en el crepúsculo de la mañana, hacia el este.
2007 Empieza el mes en el cielo de poniente, por la tarde, cerca de Saturno (más débil), y el crepúsculo lo engulle hacia mediados de mes.

Marte

2003 Casi estacionario en Acuario (Aquarius), aumentando con rapidez de brillo a lo largo del mes, de magnitud −1.4 a −2.3.
2004 Inmerso en el crepúsculo vespertino.
2005 Objeto matutino en Piscis (Pisces), abrillantándose hasta magnitud −0.4.
2006 Bajo en el cielo de la tarde, hacia el oeste, y se pierde en el crepúsculo a lo largo del mes.
2007 Objeto matutino. Pasa de Aries a Tauro (Taurus) con magnitud 0.5

Júpiter

2003 Se irá zambullendo en el crepúsculo del anochecer durante el mes.
2004 En el crepúsculo vespertino por el oeste situándose cada vez más bajo a lo largo del mes.
2005 En el firmamento del anochecer por el oeste en Virgo.
2006 Objeto vespertino, estacionario en la frontera entre Virgo y Libra con magnitud −2.2.
2007 Objeto vespertino destacado en la región sur de Ofiuco (Ophiuchus) con magnitud −2.5.

Saturno

2003 Emerge del crepúsculo de la mañana a lo largo del mes con magnitud 0.1.
2004 En conjunción (detrás del Sol) el 8 de julio e inobservable a lo largo del mes.
2005 Demasiado próximo al Sol para observarlo a lo largo de todo el mes. En conjunción (detrás del Sol) el 23 de julio.
2006 Empieza el mes situado bajo hacia el oeste tras la puesta de Sol, y se pierde en el crepúsculo hacia el día quince.
2007 Empieza el mes cerca del brillante Venus, bajo en el cielo occidental tras la puesta de Sol, pero pronto se pierde en el crepúsculo de la tarde.

La Lira (Lyra)

Durante este mes, la compacta pero destacada constelación de la Lira (Lyra) yace en la vertical. La Lira representa el arpa del bardo griego Orfeo. Según la leyenda, Hermes construyó la lira con el caparazón de una tortuga y se la dio a su medio hermano Apolo. Este a su vez se la cedió a Orfeo de quien se decía que podía hechizar las fieras y hasta los árboles con sus dotes musicales. Su destreza le resultó especialmente valiosa cuando Orfeo entró en los temibles infiernos para rogar por el regreso de Eurídice, su esposa fallecida. Hades, dios de los infiernos, quedó tan conmovido por los sones de Orfeo que accedió a devolver a Eurídice al mundo de los vivos con la condición de que Orfeo no se volviera a mirarla mientras la condujera fuera de los infiernos. Pero justo antes de salir al exterior, Orfeo miró hacia atrás para asegurarse de que ella lo seguía y la perdió para siempre. Después de aquello, Orfeo vagó afligido por el mundo tañendo su lira con pesadumbre. Tras su muerte, la lira recibió un lugar en el firmamento en honor a sus dotes musicales.

Esta constelación también se ha identificado con un águila o un buitre, que en los mapas antiguos suelen aparecer portando un arpa. Con independencia de la interpretación personal que hagamos de la Lira, esta constelación contiene un rico repertorio de atracciones celestes para encantar a los astrónomos.

La Lira resulta sencilla de ubicar gracias a su estrella más prominente, alfa (α) Lyrae, más conocida como Vega, que ocupa el quinto lugar entre las más brillantes de todo el firmamento. El nombre de Vega procede del árabe y significa «águila sobrevolando», porque los árabes se contaban entre quienes veían un águila en esta constelación. Vega es una estrella blanquiazulada de magnitud 0.03 que se encuentra a 25 años-luz de distancia. Su masa es unas tres veces la del Sol y emite unas 50 veces más luz que este. En 1983, el satélite astronómico de infrarrojos (iras, del inglés Infra-Red Astronomical Satellite) reveló el asombroso hallazgo de que Vega está rodeada por un disco de polvo frío y oscuro que se está convirtiendo en un sistema planetario, otro sistema solar. Vega es mucho más joven que el Sol, ya que solo suma unos 350 millones de años. Puede que dentro de varios miles de millones de años se desarrolle la vida en alguno de los planetas que ahora se están gestando alrededor de Vega.

Los prismáticos o incluso una vista aguda muestran cerca de Vega una estrella doble de quinta magnitud, épsilon (ε) Lyrae, la cual guarda una sorpresa fascinante a quienes usen telescopio. Ambos astros son a su vez dobles y forman un cuarteto espectacular que se conoce popularmente como la estrella doble doble.

Épsilon-1, el par algo más separado, consiste en estrellas de magnitudes 5.0 y 6.1 que tardan en orbitarse unos 1200 años. En la actualidad se están acercando y continuarán haciéndolo durante todo el siglo XXI, si bien con bastante lentitud. La separación actual es de 2.5 segundos de arco. En teoría, aberturas de 50 mm bastan para resolver estrellas con esas separaciones, pero la diferencia de brillo entre ambas componentes exige, en la práctica, el empleo de 60 mm de abertura mínima.

Épsilon-2 Lyrae, el par más angosto, consiste en dos estrellas de magnitudes 5.2 y 5.5 con una órbita de unos 700 años. La separación actual es de 2.4 segundos de arco, lo que plantea dificultades para resolverlas con telescopios de 50 mm. Sea como sea el telescopio disponible, no conviene perderse esta maravilla, la cuádruple más imponente del cielo.

Épsilon Lyrae no es la única estrella doble de esta constelación, que guarda una sorpresa en la manga. Beta (β) Lyrae es un par atractivo fácil de resolver con telescopios pequeños. Su estrella primaria, de color crema, es una azul de octava magnitud y forma a su vez un sistema binario eclipsante complejo que oscila entre las magnitudes 3.3 y 4.4 cada 13 días. Compárese su brillo con el de gamma (γ) Lyrae, con una magnitud constante de 3.2. La comunidad astronómica se ha afanado durante décadas por comprender la curiosa primaria de beta Lyrae, cuyo periodo de variación experimenta un alargamiento progresivo. La respuesta llegó a partir del estudio cuidadoso de la luz de la estrella mediante espectroscopios. Es evidente que las dos componentes se encuentran tan próximas entre sí (más que Mercurio y el Sol) que ambas se han

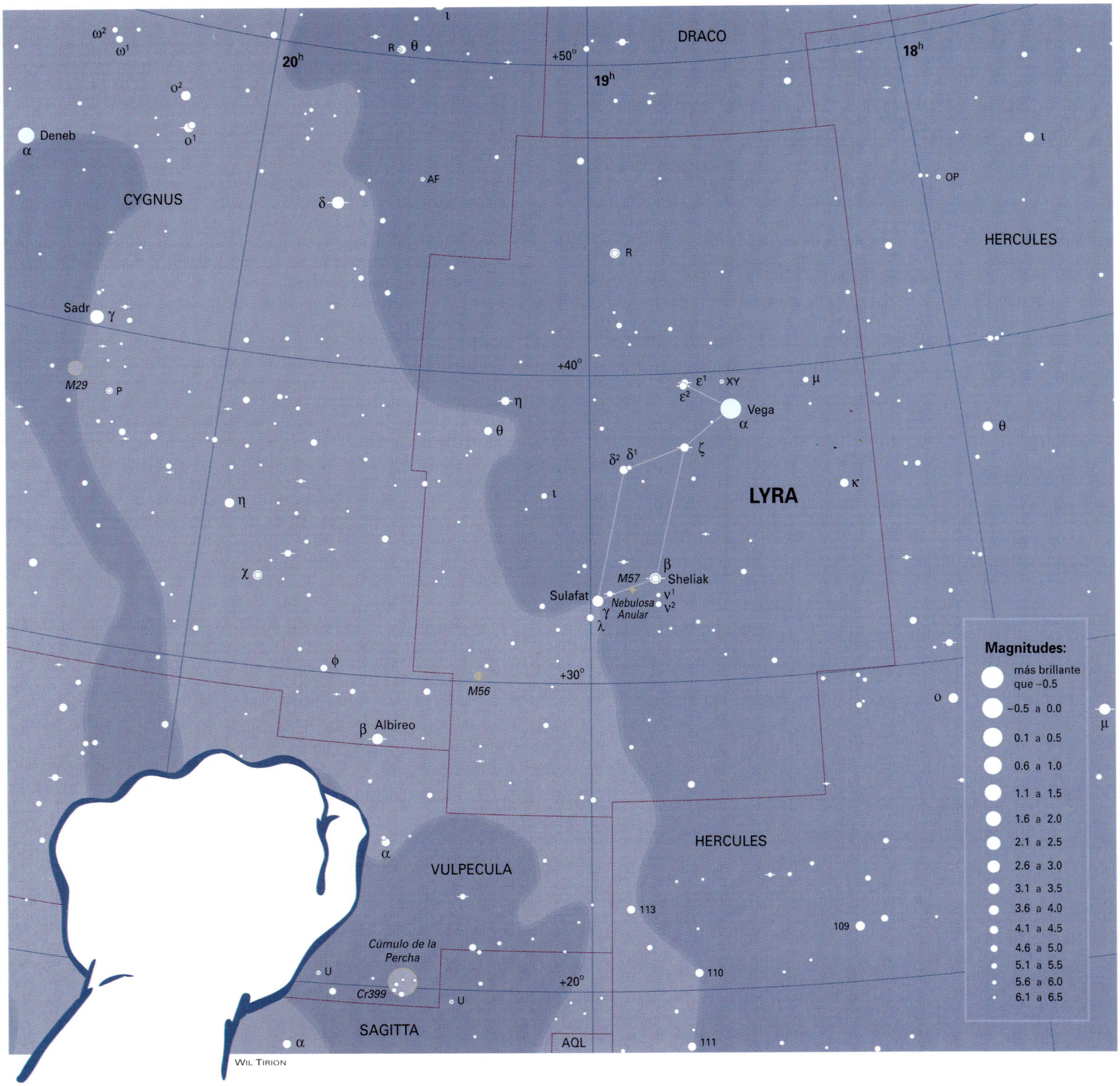

achatado y adquirido forma oval debido a la gravedad de la compañera. Entre las componentes fluye gas y parte de él sale despedido en espiral hacia el espacio. Al observar beta Lyrae, hay que imaginar la turbulenta actividad que se está produciendo allí y que queda invisible al ojo humano.

Otra doble variable es delta (δ) Lyrae, un dúo fácil de resolver con prismáticos, consistente en una gigante roja de cuarta magnitud y ligeramente varible, y en una estrella blanquiazul de magnitud 5.6. Ambas se encuentran a diferentes distancias de nosostros y por tanto no mantienen ningún vínculo físico. Obsérvese además dseda (ζ) Lyrae, una pareja idónea para prismáticos, con magnitudes 4.3 y 5.7.

Entre beta y gamma Lyrae radica otro de los tesoros de la Lira, la célebre nebulosa Anular, M57, un anillo celeste de humo arrojado por una estrella moribunda a unos 2000 años-luz de distancia. M57 pertenece a la categoría de objetos llamados nebulosas planetarias, no porque tengan relación con los planetas sino porque muestran un disco circular que se asemeja a un planeta al contemplarlas al telescopio. Se cree que estos objetos se forman cuando una estrella como el Sol llega al final de su existencia. Después de hincharse hasta convertirse en gigante roja, la estrella se deshace de las capas más externas y da lugar a una nebulosa planetaria en cuyo centro queda una tenue enana blanca. Las observaciones realizadas con el telescopio espacial Hubble han revelado que la nebulosa Anular no es en realidad un anillo, sino un cilindro gaseoso que, por casualidad, observamos a lo largo de su eje.

Los telescopios pequeños muestran M57 como una mancha vaga mayor que el disco de Júpiter. Para disntinguir su aspecto anular y la forma elíptica de su contorno se requieren aberturas de al menos 100 mm. La estrella central, de decimoquinta magnitud, es demasiado débil para divisarla con telescopios pequeños. Por desgracia, M57 no impresiona tanto visualmente como en fotografías de exposición larga.

La Zorra (Vulpecula)

Contigua a la Lira se encuentra la Zorra (Vulpecula), una constelación poco conocida que bien merece una presentación. Al igual que su vecina del sur, la Flecha (Sagitta), la Zorra se encarama sobre una zona rica de la Vía Láctea y ofrece un buen terreno para iniciarse. La constelación fue creada en 1690 por el astrónomo polaco Johannes Hevelius con el nombre de Vulpecula cum Ansere, la Zorra con el Ganso, una designación que con el tiempo ha quedado abreviada. Hevelius decía que ubicó ahí una zorra para que quedara cerca de otros dos depredadores, el buitre (la Lira o Lyra) y el Águila (Aquila). Su astro más brillante, alfa (α) Vulpeculae, tiene magnitud 4.4 y posee una compañera (con la que no mantiene ningún vínculo físico) de sexta magnitud, fácil de distinguir con prismáticos.

Vulpecula cobró una celebridad inesperada en 1967 cuando los estudios radioastronómicos realizados en Cambridge (Gran Bretaña) descubrieron al sur de alfa Vulpeculae, la primera de las estrellas radioemisoras llamadas púlsares. Se cree que los púlsares consisten en núcleos estelares altamente condensados que han sufrido una explosión de supernova. Como la mayoría de los púlsares, este es tan tenue que no puede apreciarse mediante instrumentos ópticos.

Cerca de la linde con la Flecha yace una de las agrupaciones estelares más singulares del firmamento, que en ocasiones se conoce como cúmulo de Brocchi o Collinder 399, aunque con más frecuencia se lo denomina la Percha debido a su forma característica. El rasgo más distintivo es una línea recta casi perfecta formada por seis estrellas, de cuyo centro sobresale un gancho curvo de cuatro o más estrellas que completa su forma de percha. Las diez estrellas de la Percha van desde la quinta hasta la séptima magnitud y la longitud aparente de este objeto en su conjunto abarca un grado y medio, lo que lo hace idóneo para observarlo con prismáticos.

Sin embargo, la Percha no es un cúmulo verdadero porque sus estrellas yacen a distancias muy diversas de nosotros (desde más de 200 años-luz hasta más de 1000 años-luz) y todas se mueven por el espacio en direcciones diferentes. Las estrellas, pues, no pueden estar relacionadas y el hecho de que caigan en la misma línea de visión se debe únicamente al azar. No obstante, la Percha no deja de ser una rareza deliciosa.

Vayamos ahora con los prismáticos desde la Percha hasta el objeto M27 en la Zorra, más conocido que el anterior y llamado popularmente nebulosa de la Haltera. M27 es una nebulosa planetaria, un caparazón de gas expulsado por una estrella moribunda, como la nebulosa Anular en la Lira. Pero la nebulosa Anular y la de la Haltera muestran aspectos bien distintos.

Si bien resulta difícil apuntar a muchas nebulosas planetarias debido a su tamaño reducido, la de la Haltera podría pasarse por alto debido justamente a lo inusual de su extensión. La octava magnitud de la nebulosa de la Haltera la hace lo bastante brillante para mostrarse a través de prismáticos como una mancha nubosa aun bajo cielos mediocres. Es alargada y su diámetro máximo ronda la cuarta parte del de la Luna llena, ocho veces mayor que la nebulosa Anular. La combinación favorable de tamaño y brillo convierte a M27 en la nebulosa planetaria más prominente, al menos para instrumentos modestos.

Observada al telescopio, la nebulosa de la Haltera presenta un color verdoso. Debe su nombre al doble lóbulo que muestra y que recuerda a un reloj de arena o, quizá, a la figura de un ocho; una figura claramente distinta a la redondeada de la nebulosa Anular. La estrella central, la enana blanca que se desprendió de sus capas más externas para formar la nebulosa, es de decimocuarta magnitud, demasiado débil para telescopios pequeños. La nebulosa de la Haltera se encuentra a unos 1000 años-luz de distancia, lo que la incluye en el conjunto de planetarias más cercanas a nosotros.

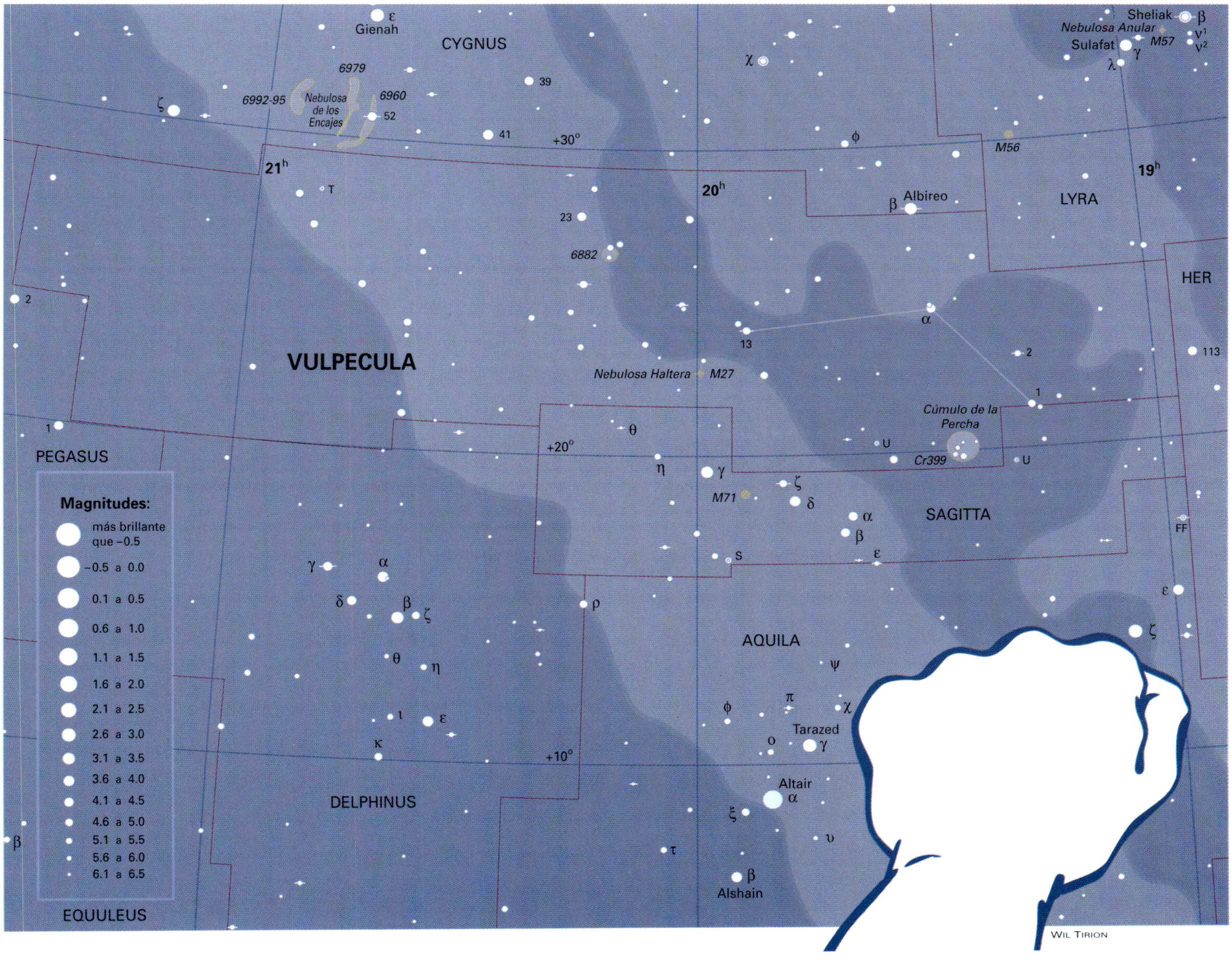

Fecha	JUNIO		JULIO		**AGOSTO**		SEPTIEMBRE		OCTUBRE
Hora	2 a.m.	1 a.m.	medianoche	**11 p.m.**	**10 p.m.**	**9 p.m.**	8 p.m.	7 p.m.	6 p.m.
H. verano	3 a.m.	2 a.m.	1 a.m.	**medianoche**	**11 p.m.**	**10 p.m.**	9 p.m.	8 p.m.	7 p.m.

Agosto

Estrellas de referencia

El Triángulo del Verano formado por Vega, Deneb y Altair, luce alto a medida que el cielo se oscurece en los anocheceres de agosto. El fulgor rojizo de Arturo (Arcturus) se hunde en el horizonte occidental y las estrellas del Carro asoman bajas por el noroeste. Antares sigue brillando en el sudoeste al observar desde latitudes inferiores a 50°, mientras la solitaria Fomalhaut se eleva sobre el horizonte en el cielo despoblado del sudeste. Por el este asoma el cuadrado de Pegaso (Pegasus), seguido de las estrellas de Andrómeda (Andromeda). Capella se halla sobre el horizonte al observar desde 40° norte.

Los planetas durante este mes

Venus

2003 En conjunción superior (detrás del Sol) el 18 de agosto e inobservable a lo largo del mes.

2004 Objeto destacado en el firmamento matutino, desplazándose de Tauro (Taurus) a Géminis. Mayor separación del Sol (máxima elongación) de 46° el 17 de agosto con magnitud –4.3. Acaba el mes cerca de Saturno.

2005 Bajo en el crepúsculo vespertino por el oeste adelantando a Júpiter a finales de mes.

2006 Se pierde en el crepúsculo matutino, bajo hacia el este, hacia finales de mes.

2007 A lo largo de todo el mes se mantiene demasiado cerca del Sol para poder observarlo.

Marte

2003 Visible durante toda la noche en Acuario (Aquarius). En oposición (hacia el sur a medianoche) con magnitud –2.9 el 28 de agosto, a 56 millones de kilómetros de distancia, el máximo acercamiento a la Tierra que experimentará Marte en todo el siglo.

2004 Demasiado próximo al Sol para observarlo.

2005 Entre las estrellas de Aries, cada vez más brillante hasta alcanzar la magnitud –1.0 hacia finales de mes.

2006 Engullido por el crepúsculo de la tarde a medida que transcurre el mes.

2007 Objeto matutino en Tauro (Taurus) con magnitud 0.4. Pasa entre los cúmulos de las Pléyades y las Híades a mediados de mes.

Júpiter

2003 Demasiado próximo al Sol para ser visible. En conjunción (detrás del Sol) el 22 de agosto.

2004 Inmerso en el crepúsculo del anochecer durante todo el mes.

2005 Bajo hacia poniente, cada vez más sumergido en el crepúsculo. Al finalizar el mes se hallará próximo al brillante Venus.

2006 Hacia el sudoeste en el cielo de la tarde, en la constelación de Libra, con magnitud –2.0.

2007 Objeto vespertino, estacionario en la región sur de Ofiuco (Ophiuchus) con magnitud –2.3.

Saturno

2003 Objeto matutino en Géminis con magnitud 0.1.

2004 En el cielo oriental del amanecer con magnitud 0.2. El brillante Venus lo adelantará a finales de mes.

2005 Emerge del crepúsculo, bajo en el cielo de levante, en la segunda mitad del mes.

2006 En conjunción (directamente tras el Sol) el 7 de agosto, pero emerge en el cielo de la mañana, cerca del brillante Venus, a finales de mes.

2007 Demasiado cercano al Sol para observarlo a lo largo de todo el mes. En conjunción (directamente detrás del Sol) el 21 de agosto.

Eclipses

De Luna

2007 Eclipse total de luna el 28 de agosto, visible desde la parte occidental de América del Sur, el océano Pacífico, Australasia y el este de Asia. La totalidad se inicia a las 09:52 TU y termina a las 11:22 TU.

Meteoros de agosto

Las cálidas noches estivales resultan idóneas para observar meteoros y agosto brinda la lluvia meteórica más brillante del año, las Perseidas. Es la corriente ideal para iniciarse en la observación de meteoros. Las Perseidas alcanzan su intensidad máxima todos los años alrededor del 12 de agosto y entonces llega a verse hasta un meteoro por minuto cayendo veloz desde la región septentrional de la constelación de Perseo (Perseus), cerca de la frontera con Casiopea (Cassiopeia). El punto radiante no se sitúa alto en el cielo hasta bien entrada la noche, de modo que no debemos contar con divisar muchas Perseidas antes de la medianoche. Conviene seguir observando hasta primeras horas de la madrugada, ya que las Perseidas irán aumentando hacia el amanecer a medida que el punto radiante se sitúe más alto en el cielo. Los meteoros de las Perseidas son espectaculares. Suelen ser brillantes, a menudo explotan y muchos dejan rastros incandescentes. Esta corriente es muy extensa, de modo que pueden verse cantidades considerables de Perseidas durante una semana antes y después del máximo. Estos meteoros se deben a polvo desprendido del cometa Swift-Tuttle, cuyo periodo orbital ronda los 135 años. En 1992 hizo su última aparición.

El Cisne (Cygnus)

Todos hemos oído hablar de la Cruz del Sur, el nombre popular de la constelación Crux, pero no es tan conocido que en el firmamento boreal luce una cruz mucho más grande. El verdadero nombre de esta constelación es el Cisne (Cygnus), pero a menudo se la llama, de manera informal, la Cruz del Norte.

Los griegos decían que este Cisne se identifica con aquel en que se convirtió Zeus para seducir a Leda, esposa del rey Tindáreo de Esparta. En las noches de verano, el Cisne se divisa volando a lo largo de la banda brillante de la Vía Láctea, con su grácil cuello extendido hacia el sudoeste y sus cortas alas tendidas hacia las estrellas delta (δ) y épsilon (ε) Cygni.

La cola del cisne está señalada por la estrella alfa (α) Cygni, más conocida como Deneb, nombre árabe que significa «cola». Deneb, de magnitud 1.3, es la más débil de las tres estrellas que forman el Triángulo del Verano. Pero mientras que las otras dos, Vega y Altair, se cuentan entre las más próximas al Sol, Deneb se halla muy lejos, a más de 3000 años-luz, y ocupa el primer puesto entre las estrellas de primera magnitud más alejadas de nosotros, situada a una distancia cuatro veces mayor que Rigel, la segunda de la lista.

Para que resulte fácil de divisar desde una distancia tan inmensa, Deneb tiene que contar con una potencia excepcional. De hecho pertenece al grupo de las estrellas más luminosas, ya que se trata de una supergigante con una superficie caliente blanca que produce 250 000 veces más luz que el Sol. Si Deneb se encontrara a la misma distancia de nosotros que la estrella más brillante de nuestro firmamento, Sirio (Sirius), alumbraría tanto como la Luna en fase de cuarto, de modo que el cielo nunca sería oscuro cuando ella luciera sobre el horizonte.

Aún más extraordinaria es la estrella P Cygni, cerca de la base del cuello del Cisne. En la actualidad es de quinta magnitud, pero durante el siglo diecisiete quintuplicó su brillo temporalmente en dos ocasiones hasta alcanzar la tercera magnitud. No cabe duda de que P Cygni es muy masiva y eso la torna inestable y la hace expulsar envolturas de gas a intervalos irregulares, lo que provoca sus incrementos de brillo. En la actualidad está evolucionando a supergigante roja y es probable que fenezca con una explosión de supernova. Aunque los datos sobre este tipo de estrellas son muy inciertos, se cree que P Cygni tiene unas 50 masas solares y que brilla tanto como 100 000 veces el Sol. Dista de nosotros alrededor del doble que Deneb, entre las lejanas estrellas que dan luz a la Vía Láctea.

El Cisne ocupa una región celeste idónea para explorar en los anocheceres estivales. Comencemos recorriendo con prismáticos la Vía Láctea salpicada de estrellas, especialmente rica en esta zona. Busquemos la gran división de la Vía Láctea que denominamos la Grieta del Cisne, debida a que una banda de polvo oscuro en el brazo espiral local de nuestra Galaxia impide el paso a la luz estelar procedente del fondo. La grieta puede trazarse desde el Cisne en dirección sur pasando por el Águila (Aquila) y hasta la constelación de Ofiuco (Ophiuchus). La banda se ensancha a medida que se acerca a nosotros.

El mejor cúmulo estelar del Cisne para observar con prismáticos es M39, una agrupación dispersa con unos 20 miembros de séptima magnitud y más débiles, dispuestos en forma triangular. M39 se encuentra a unos 900 años-luz, mucho más cerca que el fondo de estrellas de la Vía Láctea.

En cielos nítidos y oscuros, los prismáticos pueden mostrar la gran figura brumosa de la nebulosa de Norteamérica, así llamada por su parecido notable con el continente de Norteamérica, aunque su figura se aprecia mejor en fotografías de exposición prolongada que a través de instrumentos pequeños. La nebulosa, también conocida como NGC 7000, yace próxima a la estrella xi (ξ) Cygni y cubre tres veces el diámetro de la Luna, de modo que solo los prismáticos o los telescopios de gran campo la abarcan por completo.

Esta masa inmensa de gas y polvo con casi 50 años-luz de diámetro, parece encontrarse cerca de la estrella Deneb. Con frecuencia se ha sugerido que la nebulosa de Norteamérica recibe su luz de Deneb, pero en realidad la nebulosa parece hallarse a la mitad de distancia que alfa Cygni, de modo que su resplandor tiene que deberse a otras estrellas inmersas en la propia nube.

Al recorrer el Cisne conviene asegurarse de que se observa ómicron-1 (o^1) Cygni, una joya para los prismáticos. Esta estrella anaranjada de magnitud 3.8 forma un bello par extenso con la turquesa 30 Cygni, una magnitud más tenue. Si se sostienen con firmeza, los gemelos también revelarán una estrella azul de séptima magnitud cerca de ómicron-1 Cygni.

Hasta aquí habremos realizado un calentamiento ideal antes de dirigir la mirada a la reina de las estrellas dobles, la bella beta (β) Cygni, o Albireo. (Por accidente, su nombre procede de una traducción errónea y carece de significado.) Albireo es fácil de encontrar porque señala el pico del cisne (o, quien lo prefiera, el pie de la cruz). Los telescopios más modestos y hasta los prismáticos montados con firmeza, muestran que Albireo consiste en una pareja magnífica de estrellas, una ambarina y la otra verdiazul, con magnitudes 3.1 y 5.1, como un semáforo celeste. Este contraste precioso de color, parecido al de ómicron-1 Cygni, se mostrará más intenso si se desenfocan ligeramente las estrellas o si golpea suavemente el telescopio de tal modo que vibre la imagen.

Aunque ambas componentes de Albireo se encuentran a una distancia similar de nosotros, unos 380 años-luz, no es seguro que formen una binaria real. Si la estrella más débil orbitara alrededor de la más brillante, podría tardar unos 100 000 años en completar una vuelta. Sea cual sea el caso, Albireo sigue ofreciendo uno de los mayores atractivos de todo gran viaje por el firmamento.

Para localizar otra doble famosa hay que buscar sobre el travesaño del Cisne hasta encontrar 61 Cygni, un par de estrellas anaranjadas de magnitudes quinta y sexta, fácil de separar con telescopios pequeños. Ambas estrellas se orbitan cada 650 años. 61 Cygni posee considerable interés histórico porque fue la primera estrella cuya distancia se determinó mediante paralaje estelar. Esta técnica consiste en medir con precisión la posición que ocupa la estrella en dos ocasiones separadas por un intervalo temporal de seis meses, cuando la Tierra se encuentra en puntos opuestos de su órbita alrededor del Sol. La ligera diferencia registrada en la posición de la estrella al medirla desde los dos puntos estratégicos revela la distancia a la que yace la estrella aplicando simple geometría. Una estrella cercana a nosotros acusará un cambio de posición notable al contemplarla desde ambos puntos, mientras que una estrella distante apenas mostrará desplazamiento.

Las observaciones de 61 Cygni fueron realizadas por el astrónomo alemán Friedrich Wilhelm Bessel en 1838. Llegó a la conclusión de que 61 Cygni se encuentra a 10.3 años-luz de distancia, una cifra que encaja bien con el valor admitido hoy, 11.4 años-luz. De las estrellas apreciables a simple vista, solo alfa Centauri, Sirio (Sirius) y épsilon Eridani se hallan más próximas a nosotros que 61 Cygni.

Un tesoro menos conocido del Cisne es una extraordinaria nebulosa planetaria, NGC 6826, conocida popularmente como la nebulosa Parpadeante porque parece encenderse y apagarse al fijar y apartar la vista de ella con rapidez. Para localizarla hay que buscar en primer lugar 16 Cygni, un par interesante de sexta magnitud con estrellas amarillas y fácil de resolver con telescopios pequeños. La nebulosa Parpadeante radica a menos de 1° de este par, de modo que ambos objetos caben en el mismo campo de visión telescópico.

Con telescopios pequeños de bajos aumentos, NGC 6826 parece una estrella borrosa y tenue. Grandes aumentos revelan un disco azul celeste con una estrella de décima magnitud en su centro, aunque es probable que la estrella central quede fuera del alcance de los telescopios más pequeños. Como todo objeto delicado, la nebulosa se aprecia mejor desviando la vista (es decir mirando a un lado del objeto). Por otra parte, al mirar la nebulosa y apartar la vista a continuación, se produce un extraño efecto de parpadeo que confiere a la nebulosa su nombre popular. Huelga decir que el parpadeo se debe únicamente a un efecto óptico en el ojo del observador y no a un efecto surgido en el seno de la nebulosa.

Algunos de los objetos más asombrosos del Cisne quedan, por desgracia, fuera del alcance de los instrumentos de aficionado. En la frontera del Cisne con la Zorra (Vulpecula) hay un rizo de gas enorme llamado nebulosa de los Encajes, los escombros expulsados por una estrella que estalló como supernova hace unos 500 años. Se estima que dista de nosotros 1400 años-luz, de manera que la supernova responsable tuvo que alcanzar un brillo aparente suficiente para proyectar sombras en la Tierra. La nebulosa de los Encajes abarca 3° de cielo, una anchura equivalente a dos dedos con el brazo extendido. La región más brillante de los Encajes, NGC 6992-95, puede llegar a divisarse con prismáticos en condiciones excepcionales, pero la mayoría de los observadores tendrán que contentarse con estudiar las fotografías que aparecen en los libros.

Entre gamma (γ) y delta (δ) Cygni, en una de las alas del Cisne, se encuentra Cygnus A, una de las radiofuentes más intensas del firmamento. Las fotografías muestran que se trata de una galaxia elíptica de aspecto muy peculiar y decimoquinta magnitud, que o bien está explotando o bien está sufriendo una colisión. Se encuentra en las profundidades del universo, a unos 750 millones de años-luz de distancia de nuestra Galaxia.

El objeto más insólito del Cisne es Cygnus X-1, uno de los mejores candidatos a agujero negro en la Galaxia. Aunque los agujeros negros son por sí mismos inobservables, este se torna manifiesto al absorber gas caliente de una estrella vecina de novena magnitud, HDE 226868. El gas que cae cerca del agujero negro se calienta hasta alcanzar millones de grados de temperatura y emite rayos X que se detectan mediante satélites. Cygnus X-1 se encuentra a unos 8000 años-luz de distancia, en el mismo brazo espiral de la Galaxia que ocupa el Sol. Su posición dista alrededor de medio grado (el ancho de la Luna) de eta (η) Cygni. No muy lejos, a medio camino entre eta (η) y épsilon (ε) Cygni, yace otro presunto agujero negro, una fuente variable de rayos X llamada V404 Cygni. En este caso, el agujero negro tiene por compañera una estrella tenue y anaranjada cuyo gas cae en él.

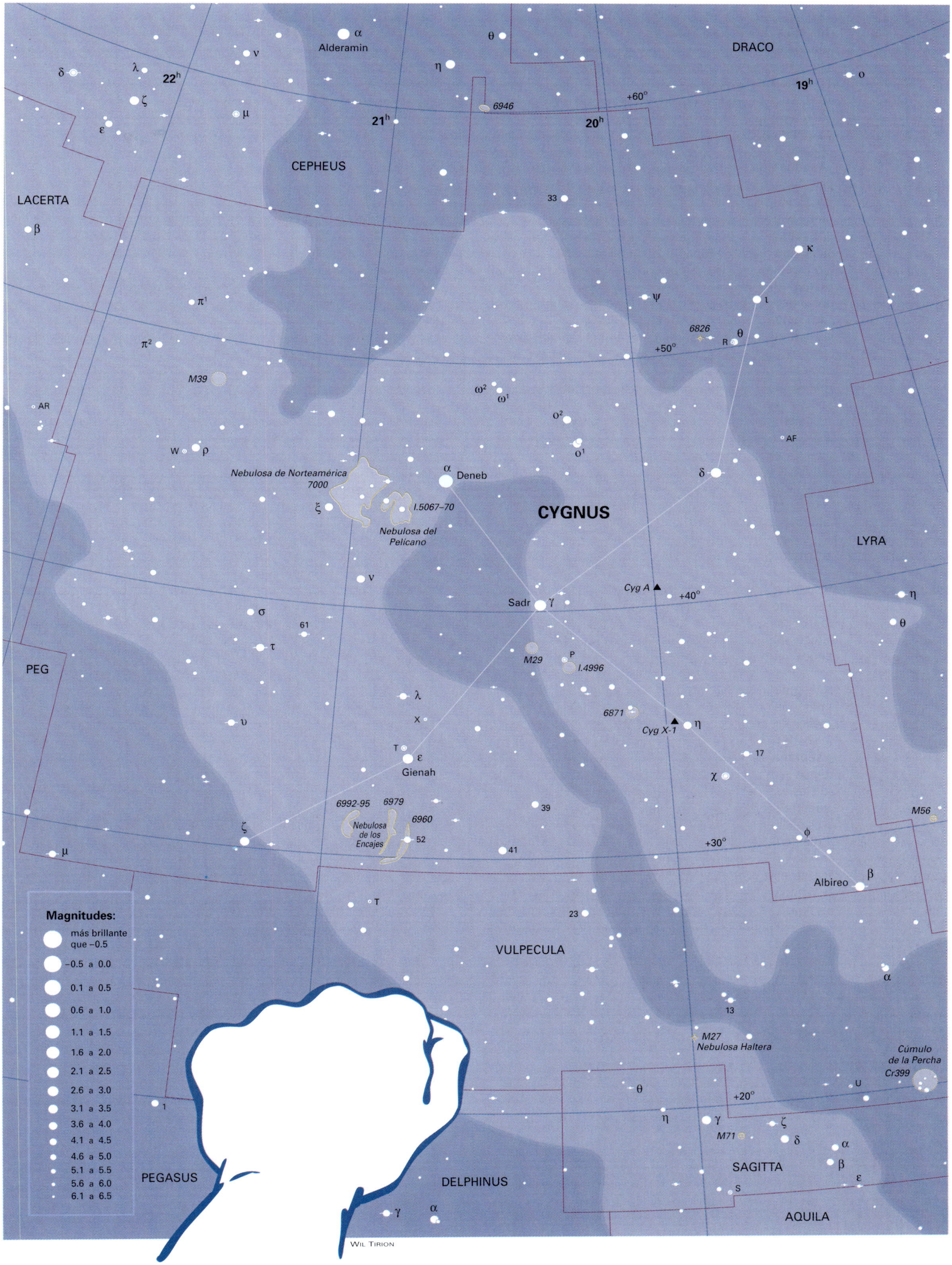

Alderamin
DRACO
CEPHEUS
LACERTA
6946
+60°
22h
21h
20h
19h
33
6826
+50°
M39
AR
AF
Nebulosa de Norteamérica
7000
Deneb
I.5067–70
Nebulosa del Pelícano
CYGNUS
LYRA
Cyg A
+40°
Sadr
61
PEG
M29
I.4996
6871
Cyg X-1
17
Gienah
6992-95
6979
6960
Nebulosa de los Encajes
52
39
41
+30°
M56
Albireo
23
VULPECULA
13
M27
Nebulosa Haltera
Cúmulo de la Percha
Cr399
+20°
M71
SAGITTA
PEGASUS
DELPHINUS
AQUILA
Magnitudes:
más brillante que −0.5
−0.5 a 0.0
0.1 a 0.5
0.6 a 1.0
1.1 a 1.5
1.6 a 2.0
2.1 a 2.5
2.6 a 3.0
3.1 a 3.5
3.6 a 4.0
4.1 a 4.5
4.6 a 5.0
5.1 a 5.5
5.6 a 6.0
6.1 a 6.5
WIL TIRION

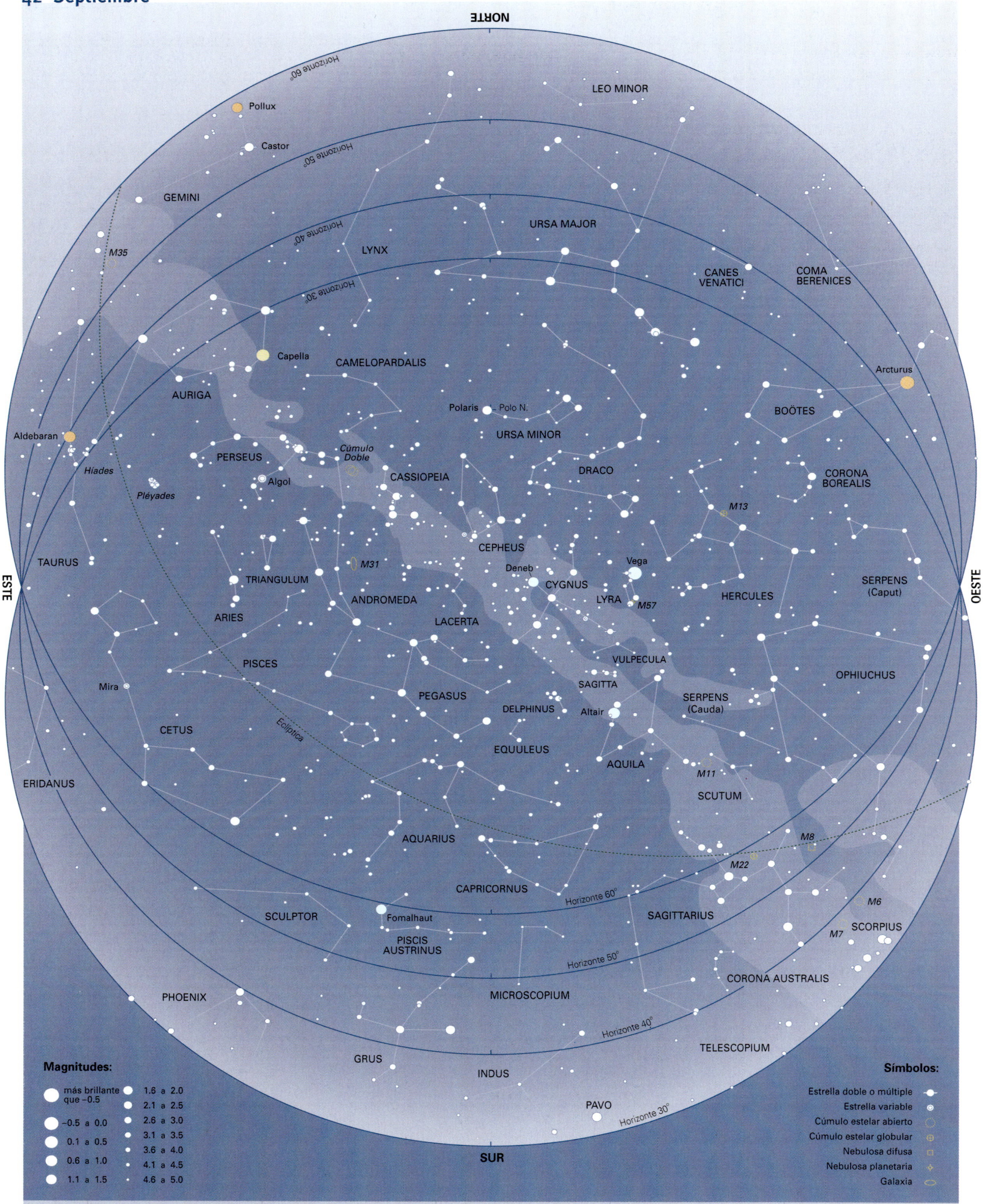

Fecha	JULIO		AGOSTO		**SEPTIEMBRE**		OCTUBRE		NOVIEMBRE
Hora	2 a.m.	1 a.m.	medianoche	**11 p.m.**	**10 p.m.**	**9 p.m.**	8 p.m.	7 p.m.	6 p.m.
H. verano	3 a.m.	2 a.m.	1 a.m.	**medianoche**	**11 p.m.**	**10 p.m.**	9 p.m.	8 p.m.	7 p.m.

Septiembre

Estrellas de referencia

El Triángulo del Verano sigue destacando en los cielos de septiembre al caer la noche. Arturo (Arcturus) se desvanece tras el horizonte del noroeste. La continuación hacia el este de la mágica estela de la Vía Láctea desde el Triángulo del Verano conduce hasta Casiopea (Cassiopeia) y Perseo (Perseus), mientras Capella centellea brillante en el nordeste. El cuadrado de Pegaso (Pegasus) luce alto por el sudeste y debajo de él aparece solitaria Fomalhaut rozando el horizonte meridional al observarla desde latitudes muy septentrionales. Por el este asoman Aldebarán (Aldebaran) y las estrellas de Tauro (Taurus) anunciando el otoño. En el norte, el Carro se hunde bajo.

Los planetas durante este mes

Venus

2003 Hundido en el crepúsculo del anochecer durante todo el mes.

2004 Objeto matutino destacado con magnitud –4.2 desplazándose de Géminis (Gemini) a Leo pasando por Cáncer.

2005 Bajo en el crepúsculo vespertino por el oeste durante todo el mes, con magnitud –4.1. Júpiter se le aproxima a comienzos de septiembre.

2006 Demasiado cercano al Sol para observarlo durante todo el mes.

2007 Emerge en el cielo de la madrugada, hacia el este, a principios de mes, y pronto se convierte en un objeto matutino destacado, con magnitud –4.5.

Marte

2003 Casi estacionario en Acuario (Aquarius), debilitándose de magnitud –2.8 a –2.2.

2004 En conjunción (detrás del Sol) el 15 de septiembre e inobservable durante todo el mes.

2005 Se mueve desde Aries a Tauro (Taurus) a medida que gana brillo desde la magnitud –1.0 hasta –1.7, a lo largo del mes.

2006 Demasiado cerca del Sol para observarlo a lo largo de todo el mes.

2007 En Tauro, aunque termina el mes en la frontera con Géminis (Gemini) con magnitud 0.0.

Júpiter

2003 Durante el mes emerge del crepúsculo del alba a baja altura por el este.

2004 Demasiado próximo al Sol para divisarlo. En conjunción (detrás del Sol) el 21 de septiembre.

2005 Empieza el mes bastante bajo hacia el oeste, cerca del brillante Venus. Luego acaba perdiéndose en el crepúsculo vespertino.

2006 Bajo en el crepúsculo de la tarde, hacia el sudoeste.

2007 En el cielo de la tarde hacia el sudoeste, con magnitud –2.1.

Saturno

2003 Sobre Géminis con magnitud 0.1.

2004 Objeto matutino en Géminis con magnitud 0.2.

2005 En el firmamento oriental del alba sobre Cáncer con magnitud 0.4, pasando al sur del cúmulo del Pesebre.

2006 Bajo en el cielo de la madrugada, hacia el este, con magnitud 0.5.

2007 Emerge en el cielo oriental de la madrugada pasada la mitad del mes.

Eclipses

De Sol

2006 Eclipse anular de Sol el 22 de septiembre, visible desde el sur del océano Atlántico. Visible como eclipse parcial desde el este de América del Sur y desde el oeste de África meridional.

2007 Eclipse solar parcial el 11 de septiembre, máximo del 75%, visible desde la mitad meridional de América del Sur.

Casiopea (Cassiopeia)

La única pareja de casados entre las constelaciones la constituyen Cefeo (Cepheus) y Casiopea (Cassiopeia) quienes, según la mitología griega, eran reyes de Etiopía y padres de Andrómeda. Cuenta la leyenda que en cierta ocasión Casiopea alardeó de ser más bella que las ninfas del mar, las Nereidas. Esto provocó la cólera del dios de los océanos, Poseidón, el cual envió un monstruo terrible a asolar las tierras del rey Cefeo. Para salvar sus dominios, Cefeo se vio obligado a ofrecer su hija Andrómeda al monstruo en sacrificio, si bien Perseo la rescató de las fauces del animal.

Casiopea y Cefeo yacen próximos en la región polar del cielo boreal. A Casiopea, la más destacada del matrimonio, se la representa sentada en una silla y gira alrededor del polo en una posición vergonzante porque aparece suspendida boca abajo durante parte de la noche, una lección de humildad impuesta por las Nereidas.

Casiopea es una de las constelaciones más sencillas de reconocer debido a su figura característica en forma de uve doble. Se la localiza con facilidad cercana al polo en el lado opuesto al Carro. Gamma (γ) Cassiopeiae, la estrella central de la uve doble, merece una mirada debido a lo impredecible de su brillo, que ha fluctuado entre las magnitudes 1.6 y 3.0 desde comienzos del siglo xx, cuando se detectó por primera vez su variabilidad. Compárese esta estrella con su vecina alfa (α) Cas, de magnitud 2.2, y con delta (δ) Cas, de magnitud 2.7. Gamma Cassiopeiae es una azul caliente, de rotación tan veloz que expulsa envolturas de gas que producen cambios de brillo. Como ocurre con todas las estrellas con esta peculiaridad, los datos que tenemos sobre ellas son poco fiables, pero se cree que gamma Cas produce tanta luz como 5000 veces el Sol y se encuentra a unos 600 años-luz de distancia.

Una doble preciosa para observar con telescopios pequeños es eta (η) Cassiopeiae, formada por una estrella amarilla y otra rojiza de magnitudes 3.5 y 7.2. Ambos astros se orbitan cada 480 años. Según se divisan desde la Tierra, alcanzaron el máximo acercamiento mutuo en 1889 y seguirán apartándose una de otra hasta mediados del siglo veintidós, lo cual facilita cada vez más la resolución del par. Esta doble solo dista 19 años-luz del Sol, de modo que se encuentra relativamente cerca de nosotros a escala interestelar.

Como Casiopea yace en una zona rica de la Vía Láctea, alberga numerosos cúmulos estelares. El mejor es M52, fácil de localizar cerca de la linde con Cefeo junto a una estrella de quinta magnitud, 4 Cassiopeiae. Se trata de una mancha borrosa al contemplarlo con prismáticos que se convierte en un campo de estrellas tenues al usar telescopio. Uno de los miembros es una gigante anaranjada de octava magnitud que brilla más que el resto. Otro cúmulo visible como una mancha borrosa a través de los prismáticos es M103 que, según revelan los telescopios, tiene una forma alargada con una espina dorsal de estrellas. La más brillante de todas, una doble en el extremo septentrional de la espina, no pertenece realmente al cúmulo, sino que está situada en primer plano. Cerca de M103 se encuentra NGC 663, una agrupación extensa y dispersa de estrellas con brillos diversos que destaca más que M103 al observar con prismáticos.

Obsérvese también el cúmulo NGC 457, próximo a la estrella de quinta magnitud fi (ϕ) Cassiopeiae, que parece ser un verdadero miembro del cúmulo. Como el cúmulo se encuentra a unos 10 000 años-luz de distancia, fi Cas tiene que ser una supergigante con un brillo descomunal que irradia tanta luz como 250 000 veces el Sol, cinco veces más que Rigel. Contempladas al telescopio, las estrellas de NGC 457 parecen dispuestas en cadenas.

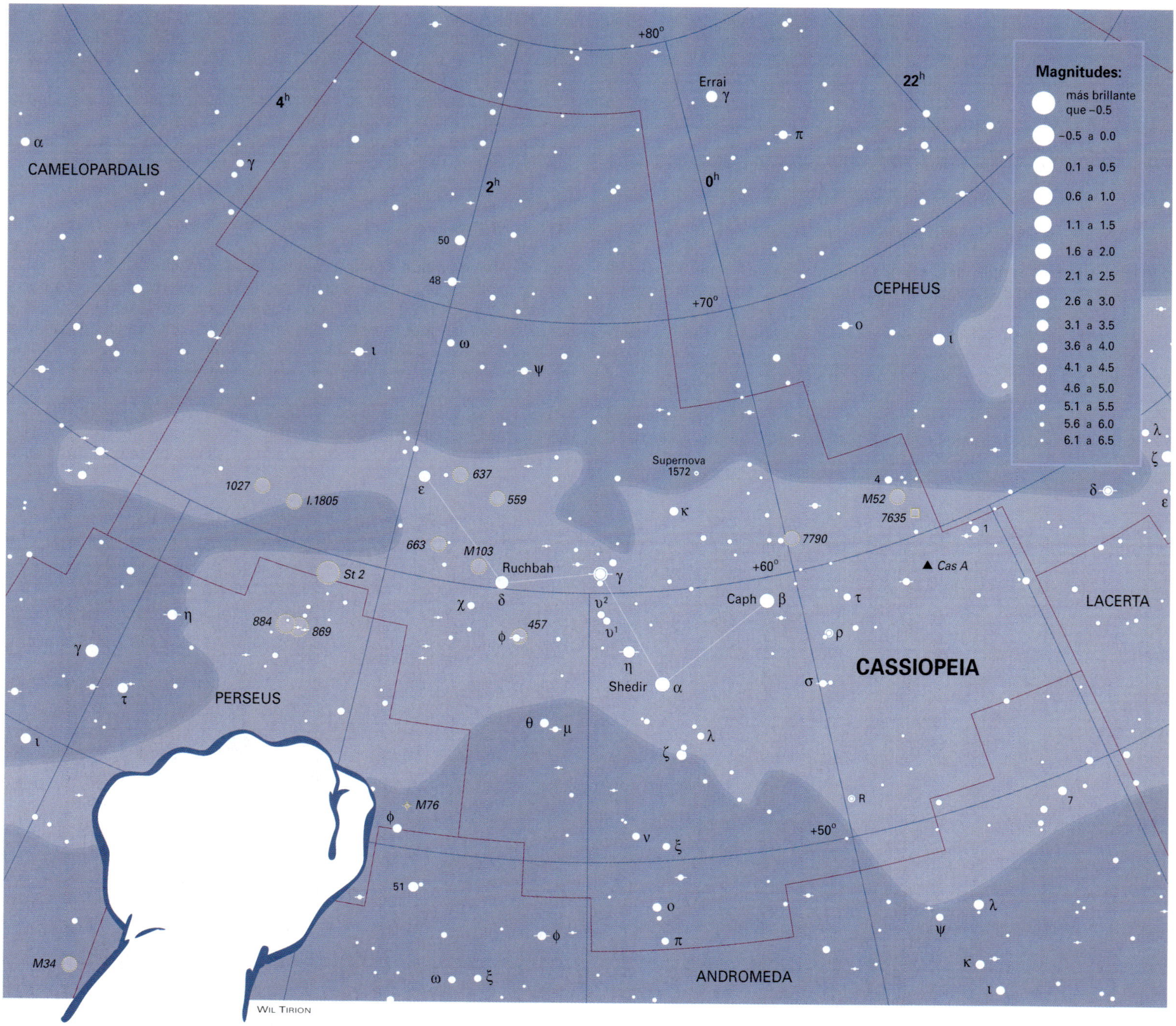

Aún más impresionante que fi resulta ro (ρ) Cassiopeiae. A primera vista puede parecer una estrella cualquiera, pero en realidad es una de las más luminosas que se conocen: una supergigante blancoamarillenta que brilla tanto como medio millón de soles, y situada a unos 10 000 años-luz de la Tierra, o quizá más lejos aún. Cambia de brillo entre las magnitudes cuarta y sexta cada 11 meses, aproximadamente, a medida que su tamaño oscila.

Casiopea contiene otros dos objetos dignos de mención, aunque ambos quedan fuera del alcance de los telescopios de aficionado. Se trata de remanentes de estrellas que explotaron, o supernovas. Una de ellas, conocida como la estrella de Tycho, estalló cerca de cappa (κ) Cassiopeiae en 1572. En el máximo se volvió tan brillante como Venus y se pudo distinguir a simple vista durante 16 meses. El gran astrónomo danés Tycho Brahe la observó detenidamente durante ese tiempo y a él debe su nombre. Todo lo que queda de la estrella de Tycho son algunos jirones tenues de gas, visibles únicamente en las fotografías tomadas con grandes telescopios, y que concuerdan con la posición de una radiofuente.

La radiofuente más potente del firmamento, Cassiopeia A, se encuentra casi a 3° al sur del cúmulo M52. Cassiopeia A se corresponde con el remanente de otra supernova, la cual se calcula que estalló a finales del siglo diecisiete. Al parecer no fue avistada en aquella época, tal vez debido a un brillo excepcionalmente débil. La comunidad astronómica aún no ha resuelto el misterio de Cassiopeia A.

Cefeo (Cepheus)

Cefeo (Cepheus), que representa al marido de Casiopea (Cassiopeia), yace próximo al polo norte celeste. Su figura recuerda a una torre achaparrada acabada en punta. En principio se puede buscar debajo de la base de la torre para encontrar mi (μ) Cephei, una de las estrellas de color más intenso en el firmamento. Wilhelm Herschel la llamó la estrella Granate debido a su marcada tonalidad rojiza, que se torna manifiesta a través de prismáticos y telescopios pequeños. Mi Cephei es una supergigante roja con una luminosidad 50 000 veces mayor que la del Sol. Como muchas supergigantes y gigantes rojas, en ella se aprecia una variabilidad irregular que la hace fluctuar entre las magnitudes 3.4 y 5.1. Echen una ojeada a esta estrella cuando vuelvan a salir al aire libre e intenten estimar su brillo comparándola con dseda (ζ) Cephei, de magnitud 3.4, con épsilon (ε) Cephei, de magnitud 4.2 y con lambda (λ) Cephei, de magnitud 5.0.

En el centro de la torre que forma Cefeo yace xi (ξ) Cephei, una doble adecuada para telescopios de poco porte. Sus componentes son de magnitudes 4.4 y 6.5 y de color blanco y amarillo. Ambas estrellas forman una binaria real y tardan unos 4000 años en orbitarse la una a la otra. Intentemos observar ahora beta (β) Cephei, una estrella con magnitud 3.2 acompañada de otra de octava magnitud que resulta difícil de apreciar con los telescopios más modestos debido a la diferencia de brillo que existe entre ambos astros. Beta Cephei muestra además un brillo algo variable, alrededor de 0.1 magnitud, casi imposible de detectar a simple vista.

Por último llegamos a la celebridad de la constelación, delta (δ) Cephei. Los telescopios pequeños la revelan como una doble sencilla e interesante, formada por una componente primaria amarilla de cuarta magnitud y una compañera de magnitud 6.3 y de color azulado, lo bastante distantes entre sí como para separarlas con prismáticos si se los sujeta con firmeza. Pero el mayor interés de esta doble radica en su estrella primaria, una supergigante amarilla que varía con regularidad cada 5 días y 9 horas.

En su máximo, delta Cephei alcanza la magnitud 3.5, dos veces más brillante que cuando atraviesa el mínimo con magnitud 4.4. Estas variaciones pueden seguirse a simple vista sin dificultad y se deben a pulsaciones en el tamaño de la estrella, como un corazón que late despacio. El diámetro cambiante de delta Cephei oscila entre unas 40 y 45 veces el del Sol.

La variabilidad de delta Cephei la descubrió en 1784 John Goodricke, un astrónomo aficionado de diecinueve años en York, Inglaterra. Fue una tragedia que al continuar con sus observaciones de esta estrella, Goodricke contrajera neumonía y muriera con 21 años.

Delta Cephei sirve como modelo de una clase de estrellas variables que se conocen simplemente como cefeidas y poseen una relevancia particular en astronomía. Las cefeidas son supergigantes con temperaturas superficiales entre 5000 K y 6000 K, semejantes a la del Sol, de modo que se muestran de color amarillo. Sin embargo, como son mucho mayores que el Sol, también son mucho más brillantes (5000 veces más en el caso de delta Cephei) y por tanto resultan fáciles de divisar a gran distancia. Delta Cephei dista unos 1000 años-luz de nosotros.

El brillo de las cefeidas varía hasta en dos magnitudes (es decir, hasta en 6.3 veces) y los periodos orbitales de estos cambios van desde 1 hasta 135 días. Hoy se conocen más de 700 cefeidas en la Galaxia y también se han descubierto ejemplares en otras galaxias. La importancia de las cefeidas para la astronomía estriba en que existe una conexión directa entre su brillo intrínseco (su potencia) y su periodo de variabilidad. Cuanto más brilla una cefeida más tarda en cambiar de brillo. Basándose en esta relación, se puede deducir la potencia de una cefeida dada mediante el mero seguimiento del tiempo que tarda en cambiar de luminosidad.

Pero el brillo que se aprecia en una estrella al observarla desde la Tierra también depende de la distancia a la que se encuentra. De modo que se puede conocer a qué distancia yace una cefeida comparando la potencia calculada para esa estrella con el brillo aparente que muestra en el firmamento. Así, las cefeidas sirven como faros indicadores para medir distancias en el espacio.

Las estrellas adecuadas para seguir los cambios de luminosidad en delta Cephei son dseda (ζ) Cephei, épsilon (ε) Cephei y lambda (λ) Cephei, el mismo trío que se empleó para mi Cephei. Las tres se han señalado en la carta de esta página.

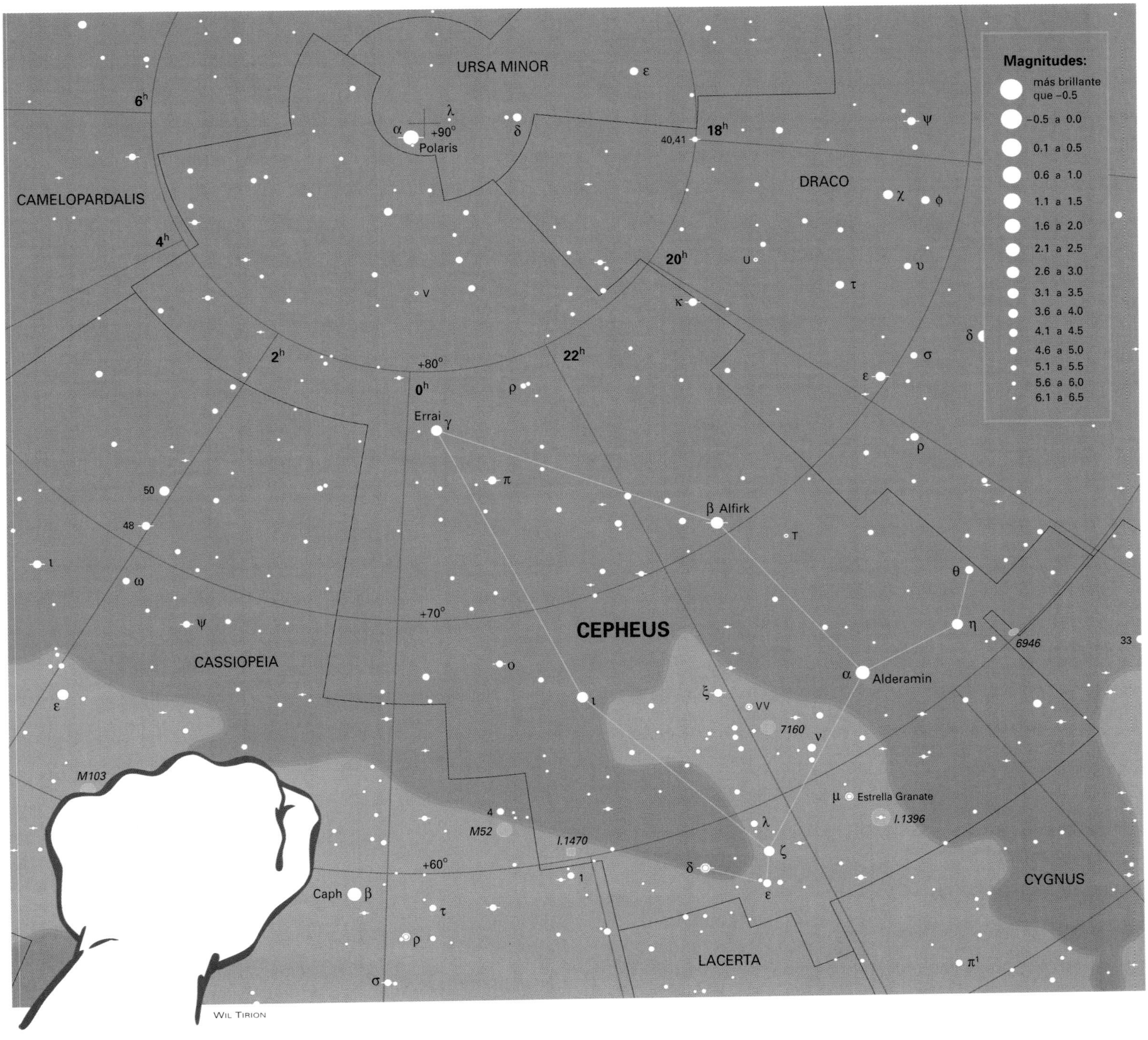

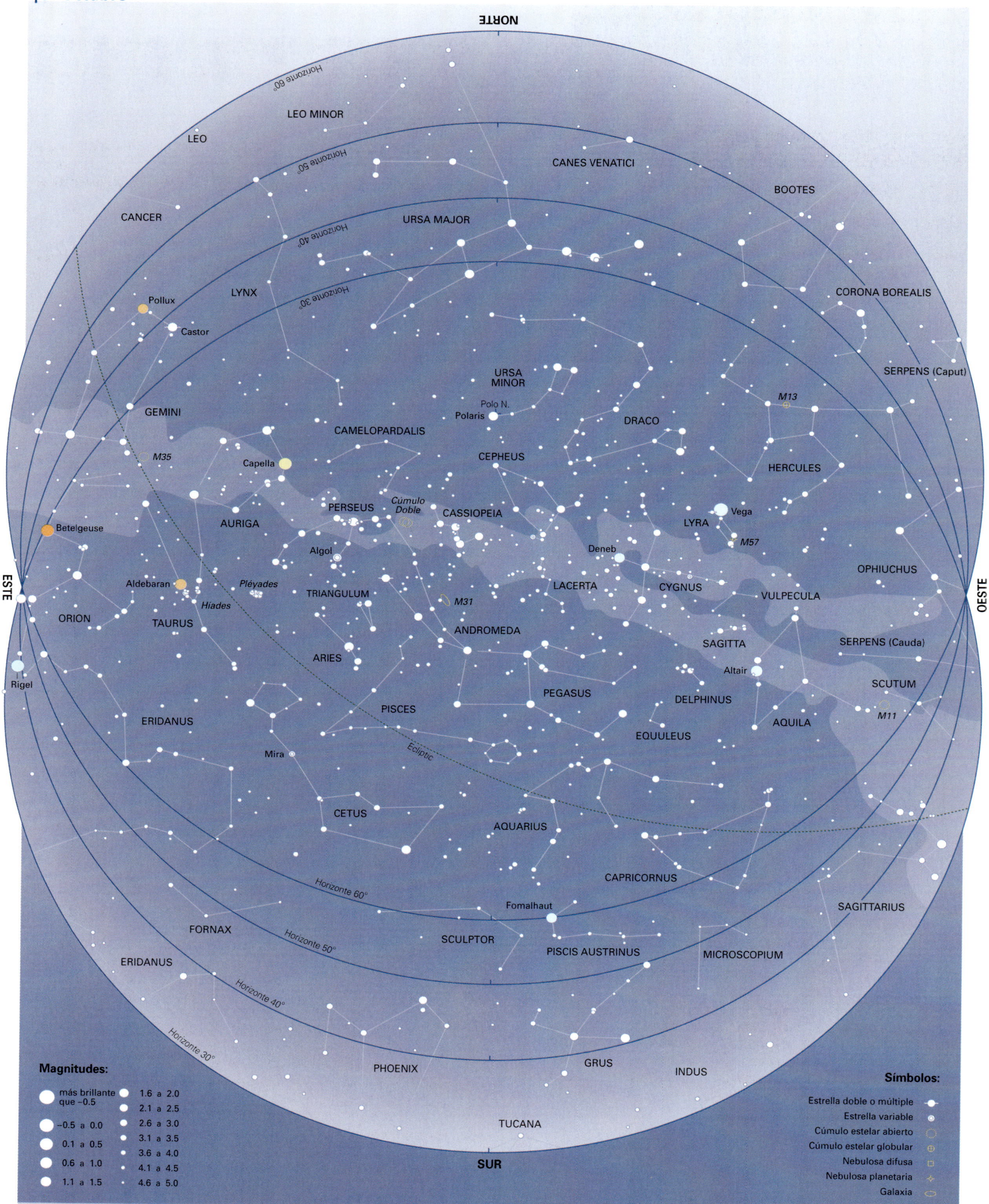

Fecha	AGOSTO		SEPTIEMBRE		**OCTUBRE**		NOVIEMBRE		DICIEMBRE
Hora	2 a.m.	1 a.m.	medianoche	**11 p.m.**	**10 p.m.**	**9 p.m.**	8 p.m.	7 p.m.	6 p.m.
H. verano	3 a.m.	2 a.m.	1 a.m.	**medianoche**	**11 p.m.**	**10 p.m.**	9 p.m.	8 p.m.	7 p.m.

Octubre

Estrellas de referencia

El Triángulo del Verano demora su desaparición por occidente, como si se resistiera a dejar paso a las estrellas del otoño. El cuadrado de Pegaso luce alto hacia el sur mientras que Fomalhaut centellea próxima al horizonte meridional. El perfil de la uve doble de Casiopea (Cassiopeia) destaca entre Pegaso (Pegasus) y el polo norte celeste. Más hacia el este aparecen Perseo (Perseus) y Auriga, asterismos inmersos en la banda luminosa de la Vía Láctea. Orión (Orion) y Géminis (Gemini) van elevándose sobre el horizonte oriental. El Carro se halla bajo hacia el norte, oculto incluso tras el horizonte si se observa desde latitudes inferiores a 30°.

Los planetas durante este mes

Venus

2003 Perdido en el crepúsculo de la tarde durante todo el mes.

2004 Se desplaza de Leo hacia Virgo en el cielo matutino, con magnitud −4.0.

2005 Bajo en el firmamento vespertino por el oeste tras la puesta del Sol con magnitud −4.3.

2006 Invisible durante todo el mes. En conjunción superior (directamente tras el Sol) el 27 de octubre.

2007 Destaca en el cielo de la madrugada, hacia el este, entre las estrellas de Leo y con magnitud −4.5. Adelanta a Saturno, más débil, a mediados de mes. La máxima elongación (mayor distancia aparente al Sol), de 46°, la alcanza el 28 de octubre.

Marte

2003 En Acuario (Aquarius) debilitándose hasta magnitud −1.3 a lo largo del mes.

2004 Inobservable por su proximidad al Sol.

2005 Visible durante toda la noche en la frontera entre Aries y Tauro (Taurus) con magnitud −2.0.

2006 Invisible a lo largo de este mes. En conjunción (directamente tras el Sol) el 23 de octubre.

2007 En Géminis (Gemini), cada vez más brillante hasta alcanzar magnitud −0.6 a finales de mes.

Júpiter

2003 Objeto matutino bajo el cuerpo de Leo con magnitud −1.8.

2004 Emerge al alba por el cielo oriental en la segunda mitad del mes.

2005 Demasiado próximo al Sol para observarlo a lo largo de este mes. En conjunción (detrás del Sol) el 22 de octubre.

2006 Se pierde en el crepúsculo de la tarde a lo largo de este mes.

2007 Bajo en el cielo de la tarde, hacia el sudoeste.

Saturno

2003 Estacionario en Géminis con magnitud 0.0.

2004 Entre Géminis y Cáncer con magnitud 0.2.

2005 Objeto matutino en Cáncer con magnitud 0.3.

2006 Objeto matutino en Leo con magnitud 0.6.

2007 En el cielo oriental de la mañana, en la constelación de Leo, con magnitud 0.8. Venus, más brillante, pasa a su lado a mediados de mes.

Eclipses

De Sol

2004 Eclipse parcial de Sol el 14 de octubre con un máximo del 93%; visible desde Japón y Asia nororiental.

2005 Eclipse anular de Sol el 3 de octubre, visible desde España y el norte y este de África; máxima duración, 4 minutos y 31 segundos. Desde Europa, África y el oeste de Asia se verá un eclipse parcial.

De Luna

2004 Eclipse total de Luna el 28 de octubre, visible desde África, Oriente Medio, Europa y toda América. Comienza a las 02:23 TU y termina a las 03:44 TU.

Meteoros de octubre

Las Oriónidas, una de las lluvias meteóricas menos llamativas, tienen su radiante en la frontera entre Orión (Orion) y Géminis (Gemini) todos los octubres. Su máximo asciende a unos 25 meteoros por hora alrededor del 21 de octubre, aunque puede observarse cierta actividad una semana antes y después de esta fecha. Las Oriónidas son meteoros rápidos que pueden dejar estelas pulverulentas. No obstante, su brillo poco destacado requiere observarlas desde un lugar oscuro. Al igual que las eta Acuáridas de mayo, consisten en partículas de polvo emitido por el cometa Halley. Las observaciones de Oriónidas deben realizarse pasada la medianoche, porque el radiante no sale hasta bien tarde: culmina hacia el sur alrededor de las 4:30 de la madrugada.

Andrómeda (Andromeda)

Uno de los mitos griegos más famosos está dibujado en el cielo del otoño. Se trata de la historia de Perseo y Andrómeda, versión original del mito de Jorge y el dragón. Cuenta la historia que Cefeo, padre de la bella Andrómeda, la hizo encadenar a una roca en sacrificio para apaciguar un terrible monstruo marino que asolaba las costas de su reino. Por fortuna, el héroe Perseo apareció justo a tiempo, dio muerte al monstruo y se casó con Andrómeda.

Todos los personajes del relato (Andrómeda, su padre Cefeo, la madre Casiopea y el salvador Perseo) aparecen en el firmamento en constelaciones adyacentes (Andromeda, Cepheus, Cassiopeia y Perseus). Incluso el monstruo marino se encuentra en los alrededores en forma de constelación: la Ballena (Cetus).

Andrómeda, por sí misma, no es una constelación destacada. Su asterismo más llamativo lo forma una alineación curvada de estrellas que arranca en la esquina nororiental del cuadrado de Pegaso (Pegasus), con el que forma un gran remedo de la figura del Carro. De hecho, la estrella que ocupa esa esquina del cuadrado de Pegaso es alfa (α) Andromedae. Esta estrella se consideraba compartida por Andrómeda y Pegaso en tiempos de los griegos clásicos, pero ahora se adscribe exclusivamente a Andrómeda. Sus dos nombres alternativos, Sirrah y Alferatz (Alpheratz), proceden de palabras árabes que significan «el ombligo del caballo», en correspondencia con su antigua asignación a Pegaso.

El cuerpo de Andrómeda puede seguirse a lo largo de la línea de estrellas de segunda magnitud que parte de alfa, que representa la cabeza, continúa en el talle marcado por beta (β) y acaba con gamma (γ), correspondiente esta última al pie izquierdo encadenado a la roca. Gamma Andromedae bien merece una observación más detallada, porque se trata de una estrella doble impresionante con un bello contraste cromático que la asemeja a una versión apretada de Albireo en el Cisne (Cygnus). La estrella primaria de gamma Andromedae, de magnitud 2.2, es una gigante anaranjada parecida a Arturo (Arcturus). Los telescopios pequeños bastan para mostrar su compañera azulada de quinta magnitud. Esta estrella secundaria es a su vez doble, pero se precisan grandes aberturas para separar las componentes.

Al sur de gamma Andromedae yace una doble aún más fácil, 56 Andromedae, de componentes de sexta magnitud sin relación física entre ellas y con una separación aparente tan grande que se resuelven incluso con prismáticos. Esta pareja de soles gigantes y anaranjados aparece superpuesta al borde de NGC 752, un cúmulo estelar abierto formado por estrellas débiles y dispersas, pero las componentes de nuestra doble no pertenecen al grupo, sino que se encuentran más cerca.

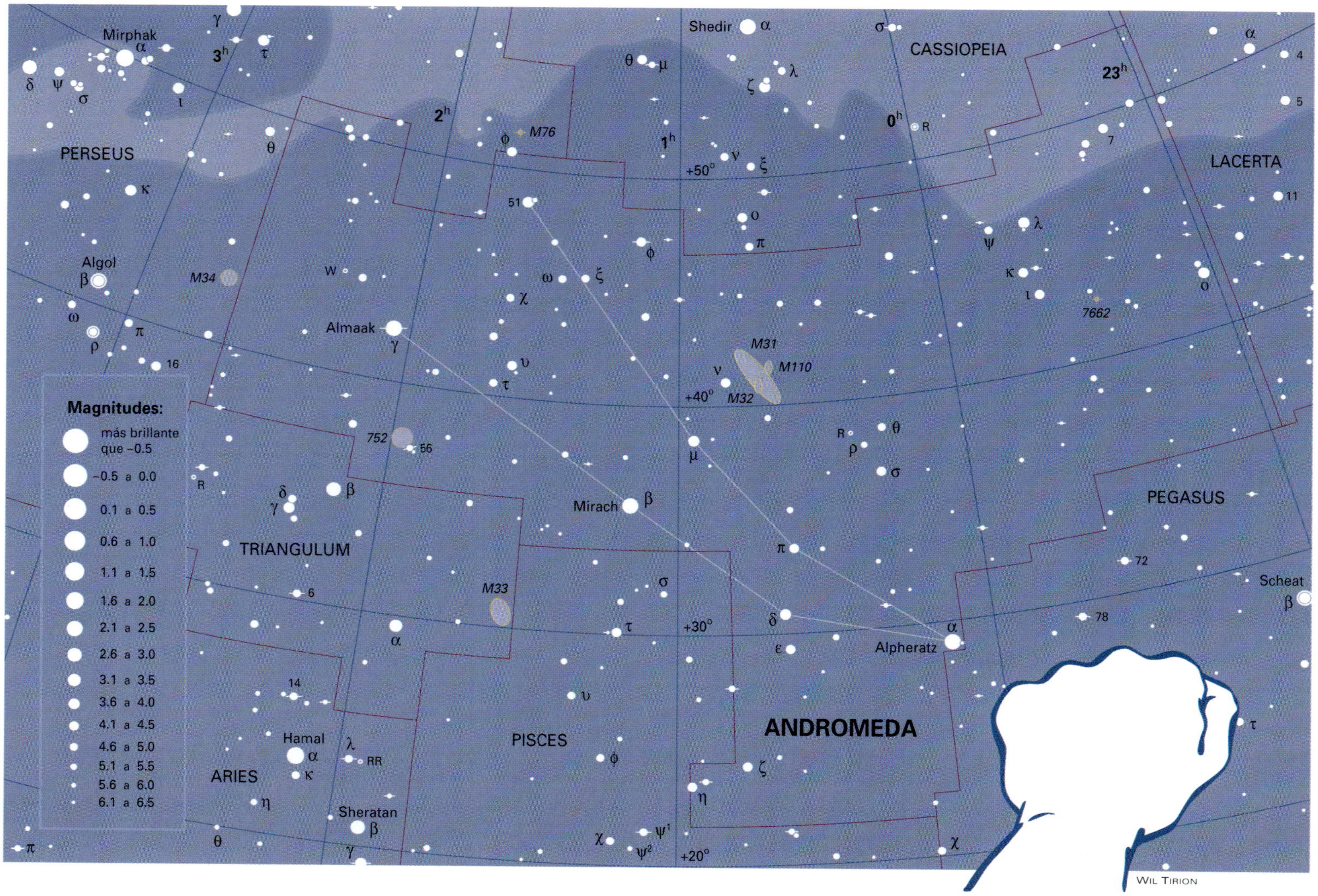

La estrella ípsilon (υ) Andromedae completa un triángulo con gamma y 56 Andromedae. Se trata de una estrella de cuarta magnitud, semejante al Sol y que vale la pena localizar porque es la primera estrella que se descubrió dotada de un sistema planetario formado por más de un planeta. Los cálculos indican que cuenta con tres planetas, de masas que van desde la de Saturno hasta casi cinco veces la de Júpiter. Es posible que, además, existan en aquel sistema planetas del tamaño de la Tierra, pero hasta ahora no se han detectado. Ípsilon Andromedae dista 44 años-luz de nosotros.

Andrómeda contiene una de las nebulosas planetarias de observación más sencilla con telescopios pequeños, NGC 7662. Búsquese cerca de la estrella de sexta magnitud 13 Andromedae, a una separación equivalente al ancho de la Luna llena. A primera vista parece una estrella borrosa de novena magnitud, pero al aplicar más aumentos manifiesta un perfil ligeramente elíptico, con un tamaño aparente similar al del disco de Marte y con el tono verdeazulado característico de las nebulosas planetarias. Quien crea que las planetarias exigen grandes aberturas debería contemplar NGC 7662.

Sin embargo, todos los objetos de Andrómeda palidecen ante la gran galaxia M31, casi gemela de nuestro propio sistema estelar. Una línea imaginaria que fuera de beta (β) hasta mi (μ) apuntaría directamente a M31. La gran galaxia de Andrómeda se aprecia sin ayuda óptica como una mancha débil y elíptica visible incluso con cielos de oscuridad media. M31, situada a unos 2.5 millones de años-luz, es el objeto más distante accesible a la vista humana. Al levantar la vista hacia M31, debemos reparar en que la luz que alcanza nuestros ojos ha estado viajando durante más de dos millones de años, desde la época en que nuestros ancestros simiescos deambulaban por las sabanas de África.

M31 ocupa un lugar destacado en la historia de la astronomía porque fue el primer objeto identificado como una galaxia independiente, separada de la nuestra. El astrónomo estadounidense Edwin Hubble empleó en 1924 el reflector de 2.5 metros de monte Wilson (a la sazón el mayor telescopio del mundo) para obtener fotografías de larga exposición de M31. Esas imágenes la mostraron compuesta de estrellas individuales, pero tan débiles que necesariamente debían hallarse mucho más lejanas que las de nuestra Galaxia.

Hasta entonces se había creído que M31 y otros objetos semejantes eran nubes de gas con formas espirales y pertenecientes a nuestra Galaxia. Pero ahora sabemos que la Galaxia es una más entre las innumerables que pueblan el universo hasta los últimos confines accesibles a los telescopios más grandes.

No es difícil entender por qué los astrónomos anteriores erraron al interpretar la naturaleza de M31. Incluso con telescopios grandes, este objeto aparece como un manchurrón nebuloso sin indicio alguno de las estrellas individuales que lo constituyen. Unos prismáticos revelan su perfil inconfundible, con un tamaño aparente que supera varias veces el de la Luna llena, casi la mitad de la anchura de un puño con el brazo extendido. Aparece elíptica porque la observamos bajo un ángulo oblicuo. Conviene comprobar hasta dónde pueden seguirse sus débiles regiones externas, porque este dato dependerá de la calidad del cielo y del instrumento empleado. Los telescopios pequeños tienden a revelar tan solo las zonas internas y más brillantes de esta galaxia.

M31 cuenta con dos pequeñas compañeras que pueden observarse incluso con telescopios pequeños. Un diámetro lunar al sur de M31 aparece M32 con el aspecto de una estrella borrosa de octava magnitud. La otra, M110, se encuentra al doble de distancia en dirección norte y resulta más difícil de distinguir debido a su apariencia mayor y más difusa.

Nuestra Galaxia se mostraría semejante a M31 si se observara desde fuera. De las dos, la de Andrómeda parece ser algo más grande, con un diámetro de 150 000 años-luz y un contenido de 400 000 millones de estrellas (el doble que la Galaxia). Quizá alguno de esos soles cuente con planetas desde donde nos esté observando alguna forma de vida inquisitiva.

M31 y la Galaxia son los dos miembros mayores de un conjunto de algo más de treinta galaxias que se conoce como Grupo Local. Para observar otro miembro del Grupo Local hay que cruzar la frontera que separa Andrómeda de la constelación del Triángulo (Triangulum). Ahí está M33, otra galaxia espiral algo más lejana que M31. Se nos presenta de cara y cubre una porción de cielo mayor que la Luna llena, pero cuesta mucho observarla debido a su palidez. Para ver M33 hay que contar con cielos oscuros, y los prismáticos pueden convenir más que los telescopios porque condensan más su débil resplandor difuso. Algunos observadores no consiguen ver M33 porque este objeto es mucho más extenso de lo que esperaban.

Pegaso (Pegasus)

La constelación de Pegaso (Pegasus) representa el caballo alado que nació de la sangre de Medusa cuando la decapitó Perseo. En el cielo aparecen solo los cuartos delanteros del animal. Hay quien lo identifica con la cabalgadura de Perseo, aunque correspondió a otro héroe, Belerofonte, montar a Pegaso. Esta constelación es la séptima del firmamento en orden de tamaño, pero contiene pocas estrellas llamativas. Su asterismo más destacado lo conforma el gran cuadrado cuyas esquinas ocupan cuatro estrellas de magnitudes segunda y tercera, aunque solo tres de ellas yacen dentro de las fronteras de Pegaso. La cuarta estrella, alfa Andromedae, aparece marcada en algunos mapas antiguos como delta Pegasi.

Pegaso aparece en el firmamento cabeza abajo. El cuadrado corresponde al cuerpo, mientras que cuello y cabeza siguen la línea quebrada de estrellas que parte de la esquina inferior derecha del cuadrado y termina en épsilon (ε) Pegasi. Las dos líneas de estrellas que arrancan de la esquina superior derecha corresponden a las patas delanteras.

El cuadrado de Pegaso es un asterismo enorme que mide más de 15°, o sea, la anchura de dos puños con el brazo extendido. Más de 30 discos lunares, uno junto al otro, serían necesarios para abarcarlo. A pesar de ello, a simple vista se aprecian muy pocos astros en toda esta región. ¿Cuántas estrellas distingue el lector?

La estrella superior derecha del cuadrado, beta (β) Pegasi, es una gigante roja inmensa, con un diámetro aproximadamente cien veces mayor que el del Sol. Cambia de manera irregular de tamaño y brillo entre las magnitudes 2.3 y 2.7. Compárese con las otras estrellas del cuadrado, alfa (α) Pegasi (de magnitud 2.5) o gamma (γ) Pegasi (magnitud 2.8).

Hacia el centro del lado occidental del cuadrado hay una estrella discreta de quinta magnitud. Se trata de 51 Pegasi, que alcanzó la fama en 1995 cuando se convirtió en la primera estrella distinta del Sol y que se supo poseedora de un planeta a su alrededor. La estrella, que dista 50 años-luz de la Tierra, se parece bastante al Sol. El planeta en cuestión tiene la mitad de la masa de Júpiter, pero se mueve alrededor de su estrella en tan solo cuatro días, un «año» bastante breve y que implica que entre este cuerpo y su estrella debe mediar una distancia mucho menor que la que separa el Sol de cualquiera de sus planetas. Desde este hallazgo se ha confirmado la existencia de muchas otras estrellas con planetas, entre ellas la que cuenta con el primer sistema con más de un planeta (ípsilon Andromedas, véase la página anterior).

La estrella más brillante de la constelación es épsilon (ε) Pegasi, también conocida como Enif, palabra que deriva del término árabe para «nariz». Se trata de una supergigante naranja muy luminosa situada a unos 700 años-luz de distancia que la hacen aparecer con magnitud visual 2.4. Unos binoculares o un telescopio pequeño revelan que posee una compañera bastante separada y de octava magnitud.

Por encima y a la derecha de épsilon Pegasi se encuentra el mayor tesoro de esta constelación, el cúmulo globular M15. Su brillo lo hace invisible, por poco, sin ayuda óptica en condiciones normales, pero destaca con prismáticos como una mancha de luz difusa y redondeada. Una estrella cercana de sexta magnitud puede servir de guía para localizarlo.

Los telescopios pequeños muestran que este cúmulo posee un núcleo brillante donde las estrellas se aglomeran densamente, aunque con pequeñas aberturas será imposible resolver estrellas individuales. El resto del cúmulo aparece como un halo neblinoso que envuelve el núcleo. M15 se encuentra a 30 000 años-luz de distancia.

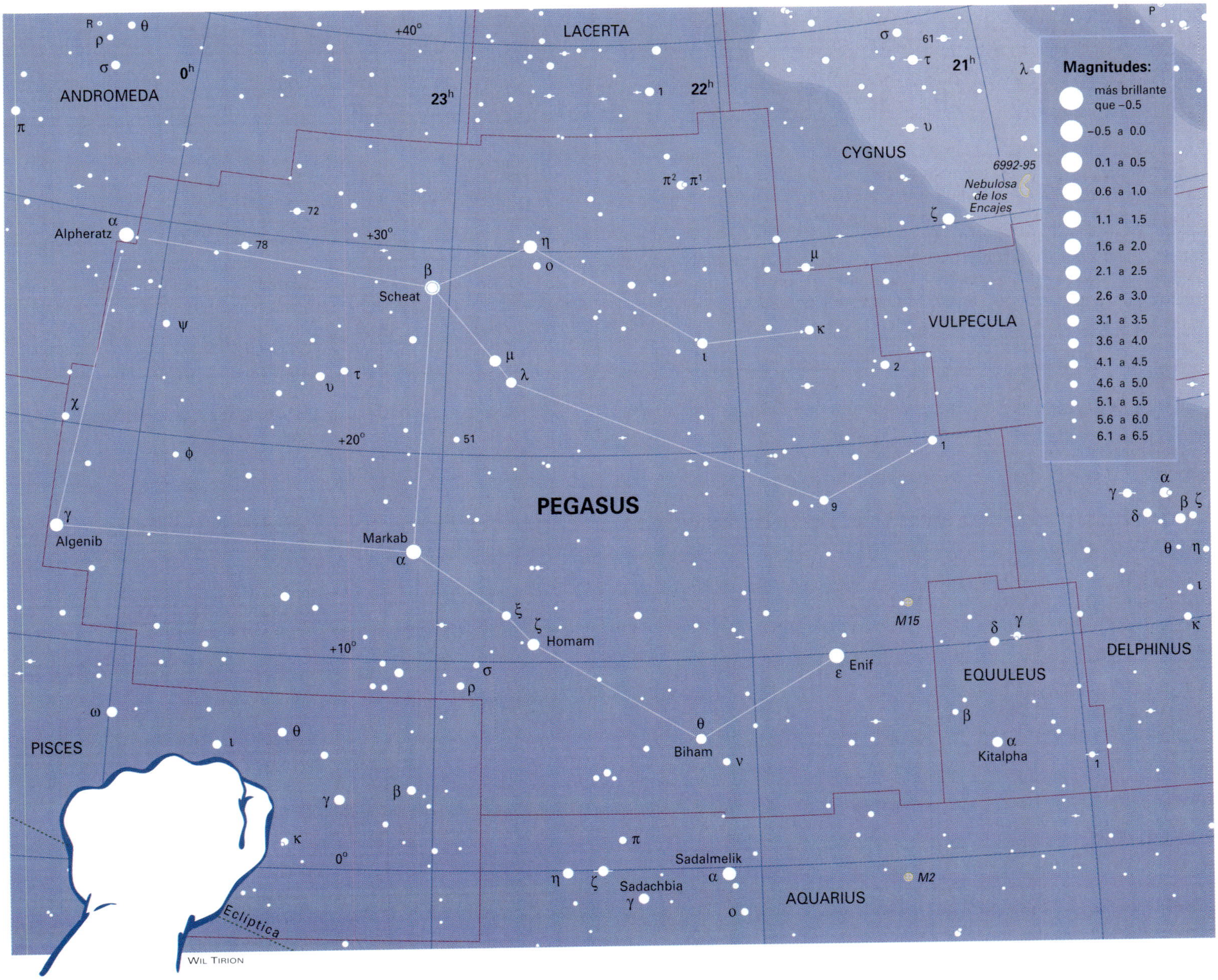

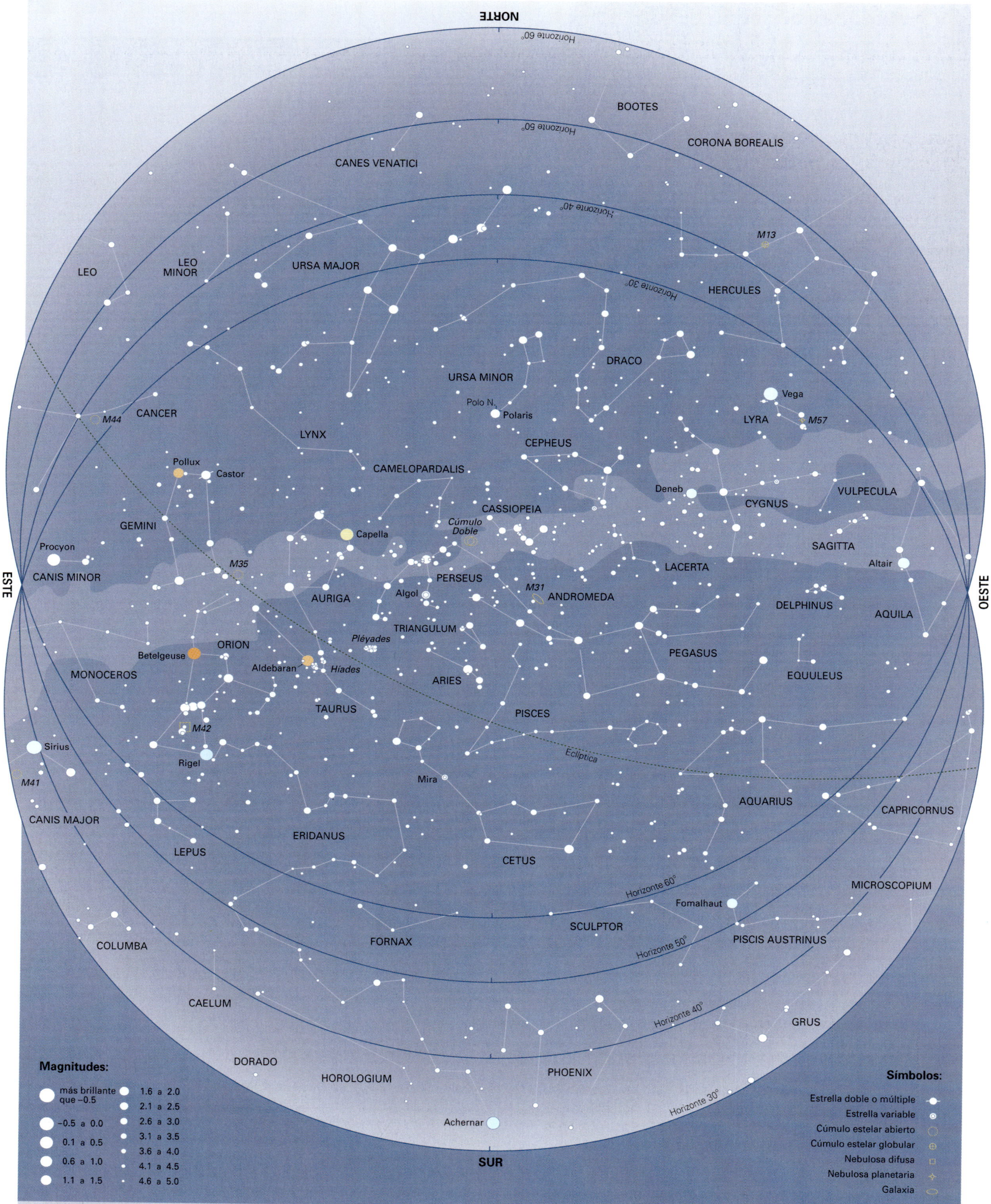

Fecha	SEPTIEMBRE		OCTUBRE		**NOVIEMBRE**		DICIEMBRE		ENERO
Hora	2 a.m.	1 a.m.	medianoche	**11 p.m.**	**10 p.m.**	**9 p.m.**	8 p.m.	7 p.m.	6 p.m.
H. verano	3 a.m.	2 a.m.	1 a.m.	**medianoche**	**11 p.m.**	**10 p.m.**	9 p.m.	8 p.m.	7 p.m.

Noviembre

Estrellas de referencia

El arco de la Vía Láctea cruza en las alturas las constelaciones de Casiopea (Cassiopeia) y Perseo (Perseus). El Triángulo del Verano se despide a regañadientes por el oeste, pero el cuadrado de Pegaso (Pegasus) se mantiene alto hacia el sudoeste. Al sur aparece la desierta región de Piscis (Pisces), la Ballena (Cetus) y Erídano (Eridanus), carente de astros brillantes, aunque Achernar, de primera magnitud, llega a asomar rasante sobre el horizonte desde la latitud 30° norte. Aldebarán (Aldebaran), el ojo encarnado de Tauro (Taurus), el toro, y la amarilla Capella destacan en el sudeste, seguidos por Géminis (Gemini) y Orión (Orion) que señalan la llegada del invierno.

Los planetas durante este mes

Venus

2003 A finales de mes surge del crepúsculo de la tarde, bajo hacia el sudoeste tras la puesta de Sol.

2004 Objeto matutino destacado en Virgo, con magnitud –4.0. Pasa junto a Júpiter en la primera semana de noviembre.

2005 Destacado, aunque bajo en el firmamento del anochecer hacia el sudoeste, con magnitud –4.5. Alcanza la máxima elongación (mayor separación del Sol), 47°, el 3 de noviembre.

2006 Demasiado cercano al Sol para observarlo, durante todo el mes.

2007 Destacado en el cielo de la madrugada, hacia el este, con magnitud –4.3.

Marte

2003 En Acuario (Aquarius), debilitándose hasta magnitud –0.4 hacia finales de mes.

2004 Surge del crepúsculo de la mañana a finales de mes, bajo en dirección este.

2005 Visible toda la noche en Aries. En oposición (hacia el sur a medianoche) el 7 de noviembre, a 70 millones de kilómetros de la Tierra, con magnitud –2.3.

2006 Demasiado cerca del Sol para observarlo, durante todo el mes.

2007 Estacionario en Géminis (Gemini) e incrementando su brillo con rapidez hasta magnitud –1.3.

Júpiter

2003 Objeto matutino en Leo con magnitud –1.9.

2004 En el cielo matutino, hacia el sudeste, con magnitud –1.8. Adelanta al brillante Venus durante la primera semana.

2005 Emerge del crepúsculo matutino en la segunda mitad del mes, por el sudeste.

2006 Demasiado cerca del Sol como para observarlo durante todo el mes. Conjunción (directamente tras el Sol) el 21 de noviembre.

2007 Bajo hacia el sudoeste, llega a perderse en el crepúsculo de la tarde a medida que avanza el mes.

Saturno

2003 Visible la mayor parte de la noche en Géminis con magnitud –0.2.

2004 Casi estacionario entre Géminis y Cáncer con magnitud 0.1.

2005 Estacionario en Cáncer con magnitud 0.2.

2006 Objeto matutino, casi estacionario en Leo con magnitud 0.5.

2007 Objeto matutino, bajo el cuerpo de Leo con magnitud 0.8.

Tránsito de Mercurio

2006 El día 8 de noviembre se produce un tránsito de Mercurio ante el disco solar, visible desde América, Australasia, Japón y el este de Asia. Visto desde el centro de la Tierra, el evento se iniciaría a las 19:12 TU y terminaría el 9 de noviembre a las 00:10 TU. Desde otros lugares sobre la Tierra, estas horas pueden variar en algunos minutos. (Precaución: NUNCA debe mirarse al Sol directamente mediente ningún tipo de instrumento óptico.)

Eclipses

De Sol

2003 Eclipse total de Sol el 23 de noviembre, visible desde algunas zonas de la Antártida. Duración máxima, 1 minuto y 57 segundos. Visible como parcial desde la Antártida y Australasia.

De Luna

2003 Eclipse total de Luna el 9 de noviembre, visible desde toda América, Europa, África, Oriente Medio y el oeste de Asia. Comienza a las 01:07 TU y termina a las 01:30 TU.

Meteoros de noviembre

En noviembre pueden presenciarse dos lluvias de meteoros: las Táuridas y las Leónidas. Las Táuridas tienen un máximo extenso que se prolonga por varios días antes y después del 3 de noviembre, y durante el cual llegan a contarse hasta diez meteoros por hora procedentes de la zona celeste entre las Pléyades y las Híades. Esta corriente meteórica posee dos radiantes separados por 8° y situados uno al norte del otro. Las Táuridas proceden de los restos del cometa con el periodo orbital más breve que se conoce, el Encke, con 3.3 años. Los meteoros de las Táuridas son lentos y brillantes, propiedades que tornan esta lluvia más impresionante de lo que pudiera pensarse a la vista de su escasa abundancia.

De un modo bastante más errático se comportan las Leónidas, con radiante junto a gamma (γ) Leonis y máximo de actividad el 17 de noviembre. Las leónidas son meteoros raudos, punzantes, que suelen estallar al final de sus trayectos. Muchos de ellos dejan tras de sí estelas persistentes. Como Leo aparece tarde, las observaciones de esta lluvia deben efectuarse pasada la medianoche. Las Leónidas guardan relación con el cometa Tempel-Tuttle, cuyo periodo orbital asciende a 33 años. Normalmente sus meteoros no son muy abundantes, ya que no superan los 10 por hora. Sin embargo, pueden ocurrir tormentas de Leónidas espectaculares separadas por intervalos de 33 años, cuando el cometa Temple-Tuttle retorna a las regiones internas y la Tierra se encuentra con enjambres más densos de polvo meteórico. Por ejemplo, desde el norte de América se presenció en 1966 una tormenta de Leónidas cuyos meteoros caían con la frecuencia de gotas de lluvia a un ritmo máximo de varios miles por minuto. El regreso del cometa en 1998 dio lugar a lluvias espectaculares en 1998, 1999, 2000 y 2001.

Perseo (Perseus)

El héroe Perseo, hijo de Zeus, protagoniza uno de los mitos griegos más duraderos, el de Perseo y Andrómeda. Sus aventuras comenzaron cuando recibió el encargo de matar a Medusa, una de las tres Gorgonas, monstruos alados con serpientes por cabellos y tan terribles que cualquiera que osara contemplarlas quedaba convertido en piedra. Perseo, aprovechando que el monstruo dormía, logró aproximarse a Medusa sin ser visto. Evitó morir petrificado porque no miró a Medusa, sino el reflejo de ella en su escudo. Decapitó a la Gorgona y huyó por los aires con la cabeza en un saco. De camino a casa vio a la bella dama Andrómeda encadenada a una roca, ofrecida en sacrificio a un monstruo marino. Perseo descendió en picado, acabó con este otro monstruo y pidió la mano de Andrómeda.

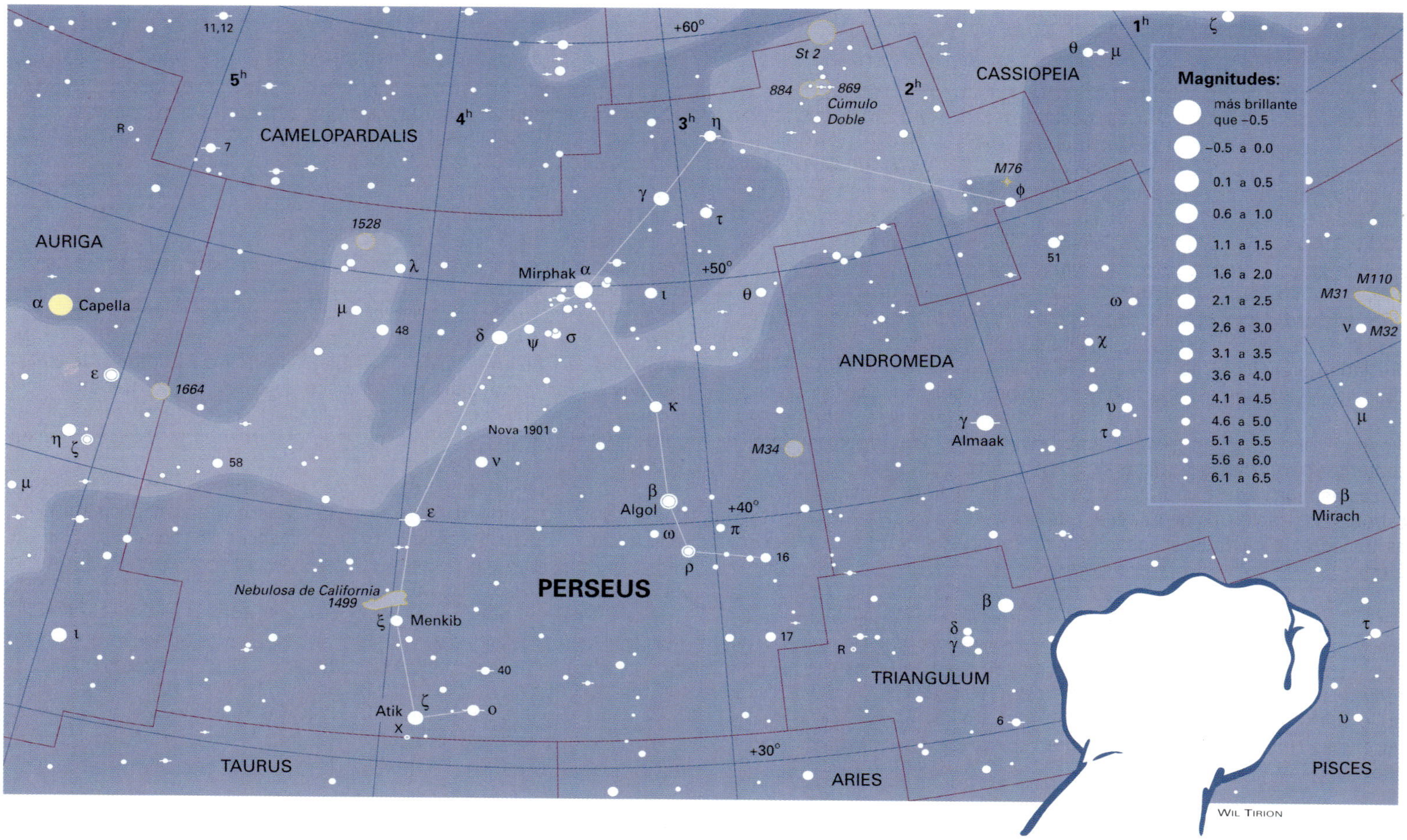

Perseo (Perseus) aparece representado en el cielo sosteniendo en alto la cabeza de Medusa, marcada por la estrella beta (β) Persei, conocida con el nombre árabe Algol, que significa «ogro» o «diablo». Este nombre resulta en verdad apropiado, porque Algol es una estrella variable que parece parpadear a intervalos regulares como el ojo de un demonio. Las variaciones de brillo de Algol, entre magnitudes 2.1 y 3.4, fueron detectadas por el astrónomo italiano Geminiano Montanari en 1667, y correspondió al aficionado inglés John Goodricke determinar el periodo en 1783. Goodricke sugirió también, de manera acertada, que las variaciones podrían deberse a eclipses.

Algol es una binaria eclipsante, un sistema formado por dos astros que a intervalos regulares pasan el uno frente al otro según se ven desde la Tierra. Las componentes se encuentran demasiado juntas como para poder distinguirlas individualmente al telescopio, pero el análisis del brillo de Algol revela que la más brillante de ellas, Algol A, es una estrella blanca cien veces más luminosa que el Sol. Su compañera, Algol B, resulta ser una estrella anaranjada, más grande pero menos luminosa, que llega a cubrir hasta un 80 por ciento del disco de Algol A durante los eclipses. El sistema posee un tercer miembro, Algol C, que no interviene en los eclipses.

Los eclipses de Algol ocurren cada 2 días, 20 horas y 49 minutos. En cuestión de cinco horas, Algol se desvanece hasta mostrar solo un tercio de su brillo habitual, de magnitud 2.1 a 3.4. Luego se recupera de nuevo hasta alcanzar magnitud 2.1 al cabo de otras cinco horas. Estas variaciones son sencillas de seguir a simple vista. Para ello, compárese Algol con beta (β) Cassiopeiae, de magnitud 2.3; con delta (δ) Cassiopeiae, de magnitud 2.7; con épsilon (ε) Persei, de magnitud 2.9; con delta (δ) Persei, de magnitud 3.0; con alfa (α) Trianguli, de magnitud 3.4, y con cappa (κ) Persei, de magnitud 3.8. El resultado de las observaciones será una curva de luz como la que aparece en la figura adjunta. Ocurre un mínimo secundario de brillo cuando Algol A eclipsa Algol B, pero el debilitamiento es tan reducido que no puede detectarse a simple vista. No conviene comparar Algol con ro (ρ) Persei, una gigante roja que oscila entre las magnitudes 3.3 y 4.0 cada uno o dos meses, de manera irregular.

Perseo ocupa una región esplendorosa de la Vía Láctea, de riqueza digna de admirar con prismáticos. Obsérvese la región en torno a la estrella más brillante de la constelación, alfa (α) Persei, de magnitud 1.8. Alfa Persei, una supergigante blancoamarillenta cinco mil veces más luminosa que el Sol, está rodeada por un destacado grupo de estrellas brillantes que forman un cúmulo disperso situado a 600 años-luz de distancia. No hay que perderse otro objeto ideal para prismáticos o telescopios pequeños, el cúmulo M34, una agrupación de varias decenas de estrellas de octava magnitud y más débiles, que ocupa un trozo de cielo tan grande como el disco lunar cerca de la frontera con Andrómeda (Andromeda). M34 dista 1400 años-luz de nosotros.

Pero la verdadera joya de Perseo es el cúmulo doble, un cúmulo estelar binario en la linde con Casiopea (Cassiopeia) que marca la mano de Perseo blandiendo la espada. Los cúmulos se aprecian a simple vista como un grumo más denso en la banda de la Vía Láctea. Con prismáticos o pequeños telescopios se descubre una región sembrada de estrellas, una de las mejores vistas del cielo accesibles a instrumentos modestos. Repárese en el arco de estrellas que apunta hacia el norte, hasta un cúmulo estelar amplio y disperso conocido como Stock 2 y situado en la frontera con Casiopea.

Cada componente del cúmulo doble de Perseo cubre una porción del cielo mayor que la Luna llena. Sin embargo, las dos partes distan de ser gemelos idénticos. NGC 869, también conocido como h Persei, es el más denso. El otro cúmulo, NGC 884, también llamado ji (χ) Persei, contiene varias gigantes rojas de las que carece NGC 869, tal vez debido a que χ Persei sea algo más viejo, de manera que sus estrellas hayan evolucionado más. Los dos cúmulos pertenecen a un brazo espiral de la Galaxia. NGC 884 dista 7500 años-luz del Sol, unos 300 años-luz más que NGC 869. Los astros más brillantes de estos cúmulos deben ser supergigantes extremadamente luminosas, similares a Rigel y Betelgueuse (Betelgeuse) en Orión (Orion), puesto que de otro modo no podrían divisarse a distancias tan enormes. Si colocáramos el cúmulo doble de Perseo entre las estrellas de Orión, al observarlo a simple vista ofrecería el mismo espectáculo que ahora nos brinda al contemplarlo con prismáticos.

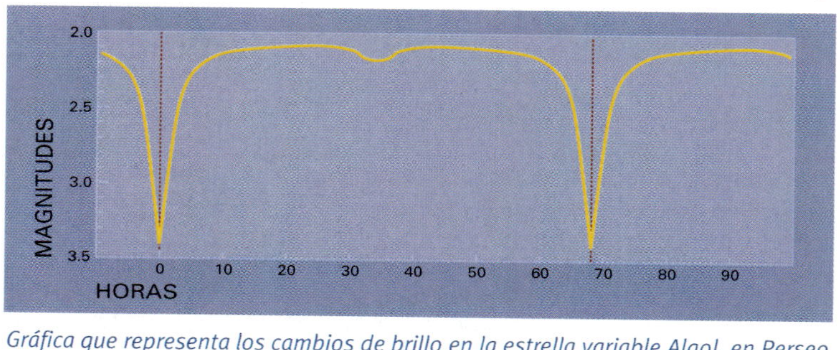

Gráfica que representa los cambios de brillo en la estrella variable Algol, en Perseo (Perseus).

Auriga

La figura hexagonal de Auriga destaca en el cielo cerca de Perseo (Perseus). Auriga, también llamada el Cochero, representa a un hombre que conduce un carro de guerra grecorromano. En contraste con la distinguida personalidad de Perseo, la identidad del Auriga se nos antoja más bien mediocre. A veces se afirma que el Auriga es Erictonio, el rey cojo de Atenas inventor de la cuadriga. Sin embargo, otras leyendas lo identifican con Mirtilo, auriga del rey Enómao e hijo de Hermes.

No caben dudas para identificar la estrella más brillante de la constelación, alfa (α) Aurigae, más conocida como Capella. Con magnitud 0.1, Capella es la sexta estrella más brillante de todo el firmamento. Este nombre latino significa «cabrita», porque tradicionalmente se representó al Cochero llevando una cabra sobre el hombro izquierdo. Capella está formada en realidad por un par de gigantes amarillas que constituyen una binaria espectroscópica situada a 42 años-luz del Sol. Capella es la más septentrional entre las estrellas de primera magnitud.

Las estrellas eta (η) Aurigae y dseda (ζ) Aurigae se conocen como los cabritos, los cachorros de Capella, que porta el brazo del Cochero. Dseda es una de las binarias eclipsantes más fascinantes de la constelación. Consta de una gigante roja cien veces mayor que el Sol, acompañada por una estrella azul parecida a Régulo (Regulus). Aunque la componente azul sea más pequeña que la gigante roja, posee cuatro veces el diámetro del Sol. Las luminosidades de estos astros ascienden a 700 y 140 veces la del Sol, respectivamente. La magnitud normal de dseda Aurigae es 3.7, pero cada dos años y ocho meses la estrella azul se oculta tras la gigante y el brillo desciende en un tercio del total, hasta magnitud 4.0. Cada eclipse dura unas seis semanas, transcurridas las cuales la estrella recupera su aspecto habitual.

Aún más impresionante es épsilon (ε) Aurigae, la binaria eclipsante de periodo más largo, 27 años. La componente principal es una supergigante blanca de gran luminosidad, una de las estrellas más potentes conocidas, con un brillo superior en más de 100 000 veces al del Sol y con un diámetro que rebasa el de la órbita terrestre. Se encuentra a 2000 años-luz de distancia. Normalmente presenta magnitud 3.0, pero cada 27 años sufre un eclipse parcial debido a una misteriosa compañera oscura. Durante cuatro meses, el brillo aparente de la estrella desciende hasta magnitud 3.8, la cual mantiene a lo largo de 14 meses antes de regresar al estado normal.

La naturaleza de la compañera oscura de épsilon Aurigae constituyó un misterio para la comunidad astronómica durante muchos años. En la actualidad se cree que el astro invisible consiste en una pareja de estrellas muy juntas y rodeadas por un disco de polvo opaco que es el verdadero responsable de los eclipses. Épsilon Aurigae sufrió su último eclipse entre 1982 y 1984. Se espera que el próximo comience a finales de 2009.

La constelación de Auriga destaca por una terna de cúmulos estelares: M36, M37 y M38, todos ellos visibles a la vez si se emplean prismáticos de campo amplio. Con binoculares parecen manchones borrosos, pero un telescopio pequeño los resuelve en estrellas individuales. Cada uno de estos cúmulos posee personalidad específica.

M36 es el más pequeño y compacto. Contiene unas 60 estrellas de novena magnitud y más débiles, y se encuentra a 3900 años-luz de distancia. Con prismáticos aparece como el cúmulo más destacado de Auriga. El cúmulo mayor y más rico de los tres es M37, con unas 150 estrellas situadas a 4200 años-luz de distancia. En su centro luce una estrella anaranjada y brillante. M38 se muestra más disperso y contiene unas 100 estrellas débiles que se hallan a 3900 años-luz del Sol.

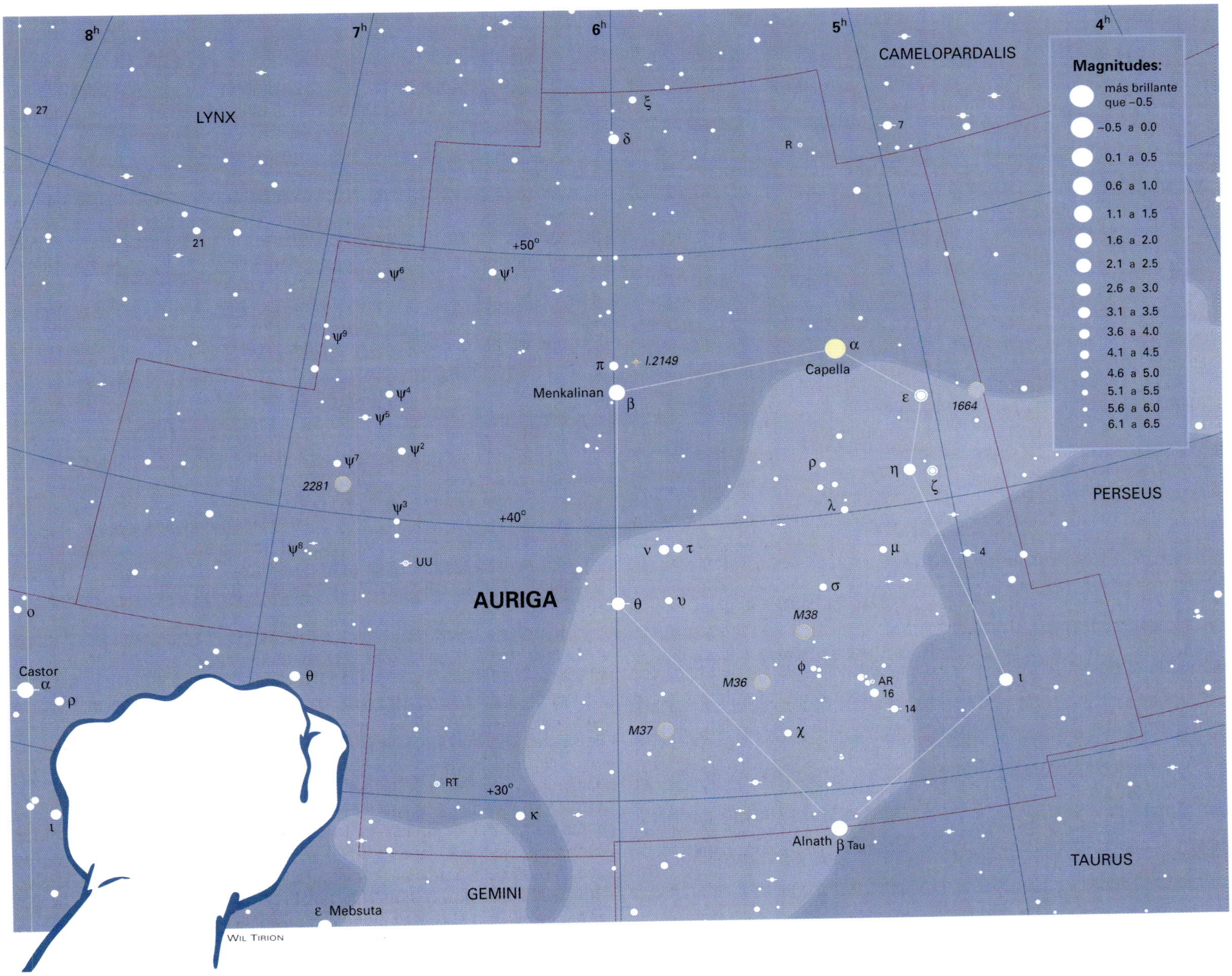

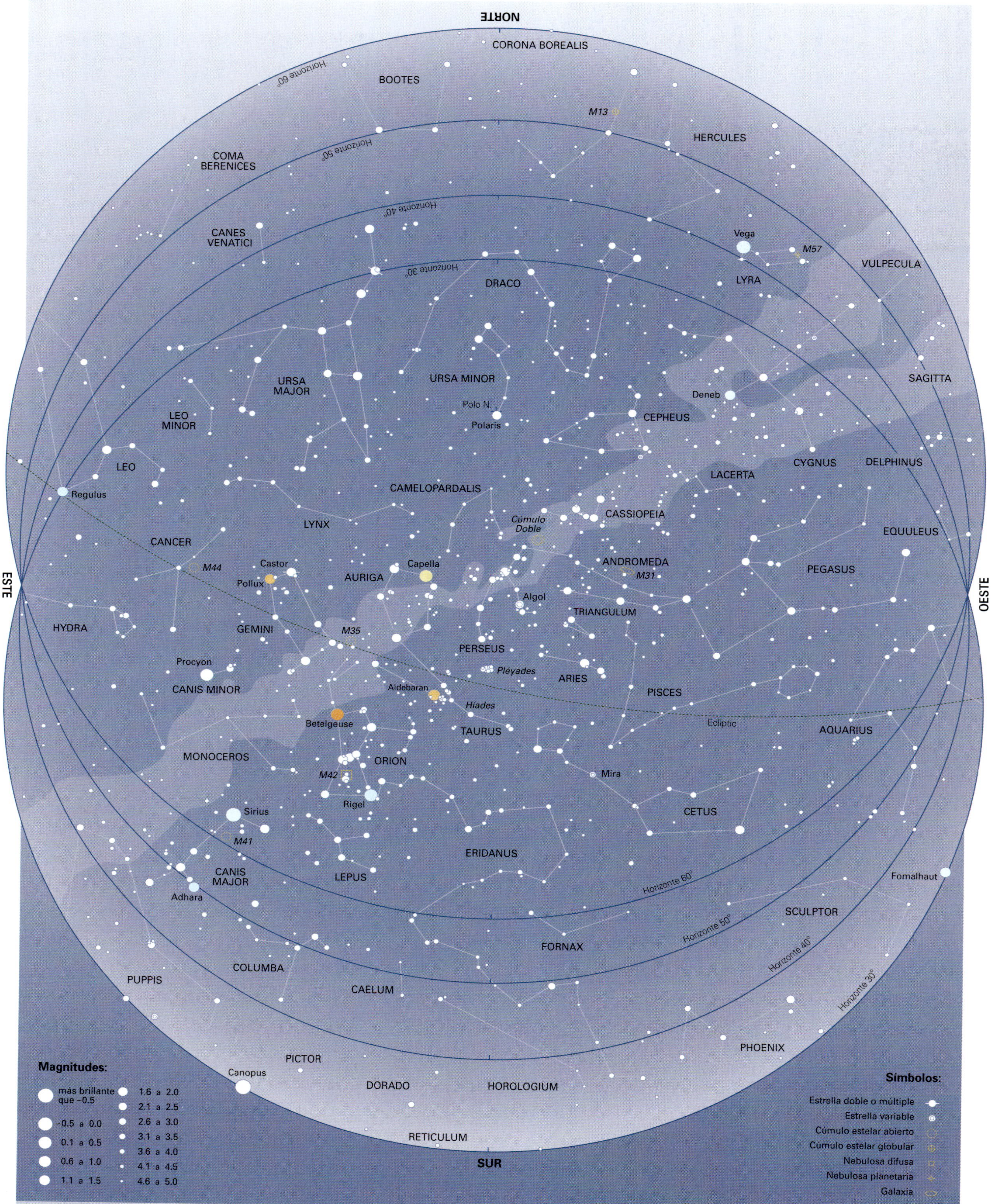

Fecha	SEPTIEMBRE		OCTUBRE		NOVIEMBRE		**DICIEMBRE**		ENERO
Hora	4 a.m.	3 a.m.	2 a.m.	1 a.m.	medianoche	**11 p.m.**	**10 p.m.**	**9 p.m.**	8 p.m.
H. verano	5 a.m.	4 a.m.	3 a.m.	2 a.m.	1 a.m.	**medianoche**	**11 p.m.**	**10 p.m.**	9 p.m.

Diciembre

Estrellas de referencia

El cúmulo de las Pléyades, de aspecto brumoso, luce en el sur a las 22:00 horas a mediados de mes. Sobre él se encuentra Perseo (Perseus) flanqueado por la uve doble de Casiopea (Cassiopeia) y el polígono de Auriga. En su recorrido por el firmamento, las Pléyades van seguidas por las Híades, una agrupación en forma de uve con la roja Aldeberán (Aldebaran) en uno de sus extremos. Orión (Orion) se eleva majestuoso desde el sudeste seguido por sus perros, las brillantes Proción (Procion) y Sirio (Sirius). Entre Orión y el polo centellea Capella. Altos por el este se encuentran Cástor (Castor) y Pólux (Pollux), las estrellas gemelas de Géminis (Gemini), y, debajo de ellas, sobre el horizonte oriental, empieza a asomar la cabeza de Leo. En el sudoeste yace el cuadrado de Pegaso (Pegasus), perfilando la figura de un diamante porque ahora se yergue sobre uno de sus vértices. Vega sigue viéndose por el horizonte del noroeste al observar desde latitudes superiores a 45° norte.

Los planetas durante este mes

Venus

2003 Objeto destacado al atardecer que se desplaza desde Sagitario (Sagittarius) hacia Capricornio (Carpicornus) con magnitud –4.0.

2004 En el firmamento matutino oriental. Adelanta a Marte en Libra durante la primera semana de diciembre y finaliza el mes en Ofiuco (Ophiuchus) cerca del esquivo Mercurio (con magnitud –0.3).

2005 Bajo en el firmamento vespertino por el sudoeste, con una deslumbrante magnitud –4.7.

2006 Se pierde en el crepúsculo vespertino a lo largo de este mes.

2007 Hacia el sudeste, de madrugada, con magnitud –4.1.

Marte

2003 En Piscis (Pisces), perdiendo brillo hasta alcanzar magnitud 0.1.

2004 Objeto matutino bajo por el sudeste. El brillante Venus lo adelanta a lo largo de la primera quincena del mes.

2005 Estacionario en Aries, debilitándose a lo largo del mes, de magnitud –1.6 a –0.7.

2006 Hundido en el crepúsculo matutino a lo largo de todo el mes.

2007 Visible durante toda la noche en Géminis (Gemini). Oposición (al sur a medianoche) el 24 de diciembre, con magnitud –1.6, a 89 millones de kilómetros de la Tierra.

Júpiter

2003 Prominente sobre Leo aumentando de brillo hasta alcanzar magnitud –2.2 hacia finales del año.

2004 Objeto matutino sobre Virgo con magnitud –1.9.

2005 Objeto matutino, hacia el sudeste en Libra con magnitud –1.8.

2006 Emerge en el cielo de la madrugada, bajo hacia el sudeste, durante la segunda mitad del mes.

2007 Demasiado cercano al Sol como para que pueda observarse a lo largo del mes. Conjunción (directamente tras el Sol) el 23 de diciembre.

Saturno

2003 Visible a lo largo de toda la noche en Géminis con magnitud –0.4. Su oposición (al sur a medianoche) se producirá el 31 de diciembre y entonces distará 1204 millones de kilómetros de la Tierra.

2004 En Géminis alcanzando magnitud –0.3 a finales de año.

2005 Visible la mayor parte de la noche sobre Cáncer con magnitud 0.1.

2006 Estacionario en Leo con magnitud 0.4.

2007 Estacionario bajo el cuerpo de Leo, con magnitud 0.7.

Meteoros de diciembre

Las Gemínidas constituyen una de las lluvias más brillante y abundante del año. En el máximo, alrededor del 13 o 14 de diciembre, pueden llegar a verse hasta 100 meteoros en una hora radiando desde los alrededores de la estrella Cástor (Castor). La buena ubicación del punto radiante permite divisarlo durante toda la noche. Los meteoros de las Gemínidas son brillantes, como los de las Perseidas, pero a diferencia de estos últimos no suelen dejar estela. La intensidad de esta corriente decae con brusquedad después del máximo. Las Gemínidas poseen la característica excepcional de que no tienen un cometa como objeto progenitor, sino un asteroide. Este, con un periodo orbital de 1.4 años, fue descubierto en 1983 y bautizado como Faetonte y probablemente se trate de un cometa «muerto».

Tauro (Taurus)

A medida que el año se acerca a su fin, la conocida figura de Tauro o el Toro (Taurus) bufa en el firmamento nocturno meridional. La cabeza de Tauro está representada por el cúmulo estelar de las Híades, con forma de uve, su ojo encarnado y fulgurante lo forma la estrella brillante Aldebarán y sus largos cuernos terminan en las estrellas dseda (ζ) y beta (β) Tauri. En el pasado, beta Tauri se consideraba una estrella compartida por las constelaciones de Auriga y Tauro y en los mapas antiguos recibía la designación alternativa de gamma (γ) Aurigae; en la actualidad, sin embargo, pertenece exclusivamente a Tauro. Su nombre árabe, Alnath, significa «la embestidora».

En el firmamento solo se representa la mitad superior del toro, lo cual podría explicarse mediante una leyenda que identifica Tauro con el toro en el que se metamorfoseó Zeus para seducir a la princesa Europa de Tiro. Llevándola sobre su grupa, el toro se adentró en el océano de modo que el resto del cuerpo del animal tal vez se considere inmerso bajo las olas. A Tauro también se lo identifica con el toro de Creta que Hércules amansó cumpliendo uno de sus doce trabajos. Otra posibilidad es que represente al Minotauro, el monstruo con cuerpo de toro y cabeza de hombre que mató Teseo.

La estrella más brillante de la constelación, alfa (α) Tauri, más conocida como Aldebarán (Aldebaran), posee un manifiesto fulgor rojizo similar al de las ascuas de carbón debido a que se trata de una gigante anaranjada con un diámetro 25 veces mayor que el del Sol y 150 veces más luminosa que este. Su nombre, Aldebarán, procede de la palabra árabe que significa «la seguidora» porque en su recorrido por el firmamento sigue a los cúmulos estelares de las Híades y las Pléyades. Aldebarán se encuentra a 65 años-luz de distancia y muestra magnitud 0.9.

Aldebarán parece pertenecer al cúmulo de las Híades, pero no es así. En realidad se trata de un objeto en primer plano situado a menos de la mitad de la distancia que aquellas, que aparece superpuesto a las Híades por casualidad.

Los cúmulos de las Híades y de las Pléyades son dos de las mayores atracciones turísticas del firmamento. Según la mitología, las Híades y las Pléyades eran hermanas, todas ellas hijas de Atlas, pero concebidas por madres distintas, las Híades por Etra y las Pléyades por Pléyone. Los griegos decían que las Híades amamantaron a Dioniso, un hijo de Zeus, y por ello se las recompensó con un lugar en el firmamento. El nombre de las Híades significa «las lluviosas» porque se las asociaba con el mal tiempo.

Cuenta la leyenda que las Híades eran cinco, pero a simple vista llega a identificarse al menos una docena de ellas. El cúmulo de las Híades cubre 5 grados de cielo, una extensión tan grande que solo los prismáticos consiguen abarcarlo. A medida que se escudriñan las numerosas estrellas que aparecen ante la vista se aprecian muchas dobles brillantes y separadas entre las que se cuentan zeta (θ) Tauri y sigma (σ) Tauri. Zeta-2 (θ^2) Tauri, con magnitud 3.4, es la estrella más brillante del cúmulo, seguida de cerca por épsilon (ε) Tauri, con magnitud 3.5, y gamma (γ) Tauri, con magnitud 3.6.

Al cúmulo de las Híades pertenecen cientos de estrellas y todas ellas se mueven juntas por el espacio hacia un punto del firmamento próximo a Betelgueuse (Betelgeuse). Los cúmulos que experimentan desplazamientos semejantes poseen una importancia particular para la astronomía, porque a partir del movimiento de sus estrellas miembro se puede deducir con precisión a qué distancia se encuentra el grupo. Según este método, las Híades se hallan a 150 años-luz, lo que las convierte en el cúmulo estelar más próximo a nosotros. La distancia a la que yacen las Híades constituye el primer peldaño en nuestra escala del universo.

Pero incluso las Híades quedan eclipsadas por sus vecinas cercanas, las Pléyades, conocidas popularmente como las Siete Hermanas o las Siete Cabrillas, que conforman el cúmulo estelar más célebre de todos. Las Pléyades se ciernen como un enjambre de moscas sobre el lomo del Toro. Una mirada despreocupada percibirá las Pléyades como una mancha brumosa, pero una vista aguda revelará seis o siete estrellas sueltas, y algunas personas que disfrutan de una vista excepcional llegan a divisar diez o más. El efecto nebuloso lo producen las decenas de estrellas más tenues que quedan fuera del alcance de la vista al no servirse de ayuda óptica. El cúmulo de las Pléyades depara, sin duda, la imagen astronómica más imponente al usar prismáticos.

Según el mito, las Pléyades eran siete ninfas discípulas de Ártemis, la cazadora. Cuando Orión, prendado por su belleza, empezó a acosarlas, Ártemis las emplazó entre las estrellas para salvarlas de sus insinuaciones amorosas. Orión continúa aún hoy persiguiendo a las Pléyades en el firmamento.

A diferencia del cúmulo de las Híades, donde ninguna estrella ha recibido un nombre, las Pléyades portan los nombres de las Siete Hermanas: Alcíone, Astérope, Celeno, Electra, Maya, Mérope y Taigete. Su padre y su madre, Atlas y Pléyone, también están presentes en el cúmulo. Incluso existe una leyenda que explica por qué solo se ven con facilidad seis Pléyades en lugar de siete. Cuentan que Electra ocultó su rostro para no presenciar las ruinas de Troya, la ciudad fundada por su hijo Dárdano. Sin embargo, algunos afirman que la Pléyade «extraviada» es Mérope, avergonzada por ser la única de las hermanas que casó con un mortal. Con todo, la asignación de nombres a las Pléyades no se ha basado en ninguna de estas leyendas, ya que las estrellas más tenues de las bautizadas en el cúmulo son Astérope y Celeno.

Además de las estrellas que portan nombres, los prismáticos revelan otro esplendoroso conjunto de docenas de estrellas brillantes que entran perfectamente dentro del campo de visión. El cúmulo cuenta con un mínimo de 100 estrellas que yacen a 380 años-luz de distancia, dos veces y media más lejos que las Híades. La figura que forman los astros principales de las Pléyades se parece a una versión apiñada del Carro. Una referencia interesante para comparar dimensiones relativas en el firmamento consiste en que la Luna llena cabría en el remolque del carro que perfilan las Pléyades sin ocultar ni Alcíone ni Taigete. El cúmulo completo abarca más del doble del diámetro lunar.

El miembro más brillante de las Pléyades es Alcíone, también conocida como eta (η) Tauri. Se trata de una gigante blanquiazul con magnitud 2.9 y 800 veces más luminosa que el Sol. Pléyone, también conocida como BU Tauri, es una variable interesante del tipo de las llamadas estrellas con envoltura. Esta estrella rota tan deprisa (unas 100 veces más veloz que nuestro Sol) que es inestable y expulsa capas de gas, lo cual provoca variaciones graduales en su brillo. En la actualidad ronda la quinta magnitud. Puede que Pléyone luciera mucho más en el pasado y sea ella la verdadera Pléyade «extraviada».

El cúmulo de las Pléyades es relativamente joven, con una edad estimada en 50 millones de años, comparado con los 600 millones de años que cuentan las Híades. En cambio, los miembros más brillantes de las Pléyades, que tachonan el campo de los prismáticos como preciosos diamantes blanquiazules, no superan la edad de pocos millones de años. Las fotografías de larga exposición revelan que las estrellas de las Pléyades se encuentran rodeadas por pequeñas cantidades de gas y polvo que a través de instrumentos de aficionado solo llegan a verse en condiciones muy excepcionales. La nebulosidad se interpretó en el pasado como restos de la nube a partir de la cual se formaron las estrellas, pero estudios más recientes sugieren que se trata de una nube ajena al cúmulo a la que este ha arribado por casualidad.

Tauro contiene objetos excepcionales, ya que además de los cúmulos de las Híades y las Pléyades alberga la nebulosa del Cangrejo, tal vez el objeto más estudiado fuera del Sistema Solar. La nebulosa del Cangrejo es el remanente de una estrella mucho más masiva que el Sol que feneció como supernova, con una explosión nuclear cataclísmica. Los astrónomos chinos divisaron el estallido de la estrella en julio de 1054. En el momento de su brillo máximo alcanzó magnitud −4, semejante a la de Venus, y pudo verse durante el día a lo largo de tres semanas. Dejó de apreciarse a simple vista al cabo de 21 meses, en abril de 1056. En Europa no se han hallado registros de esta explosión, probablemente porque en aquella época la astronomía era casi inexistente en Europa.

En el momento de la explosión, la supernova del Cangrejo tuvo que fulgurar con una intensidad 500 millones de veces superior a la del Sol. Veinticinco supernovas como aquella emitirían tanta luz como toda nuestra Galaxia. La explosión diseminó por el espacio las capas externas de la estrella que se hizo añicos, y ellas son las que ahora forman la nebulosa del Cangrejo. Debe su nombre al astrónomo irlandés del siglo diecinueve Rosse, quien consideró que su figura recuerda a un cangrejo ermitaño. Esta nebulosa también se conoce en astronomía como M1, porque ocupa el primer puesto en la lista de objetos nebulosos que confeccionó Charles Messier.

La nebulosa del Cangrejo se encuentra entre las astas de Tauro, un grado por encima de dseda (ζ) Tauri, y a una distancia de 6500 años-luz de la Tierra. En buenas condiciones, la nebulosa del Cangrejo puede divisarse con prismáticos, pero en la mayoría de los casos se precisará un telescopio para apriciar su brumosa y alargada silueta, de octava magnitud, más parecida a la llama de una vela. Su anchura mide cinco minutos de arco, un sexto del diámetro de la Luna, pero seis veces más que el disco joviano, de modo que hay que buscar un objeto de tamaño intermedio entre el lunar y el de un planeta. Por desgracia, resulta mucho menos espectacular vista al telescopio que en fotografías, pero nuestro cuaderno de campo no estará completo si dejamos sin observar la nebulosa del Cangrejo.

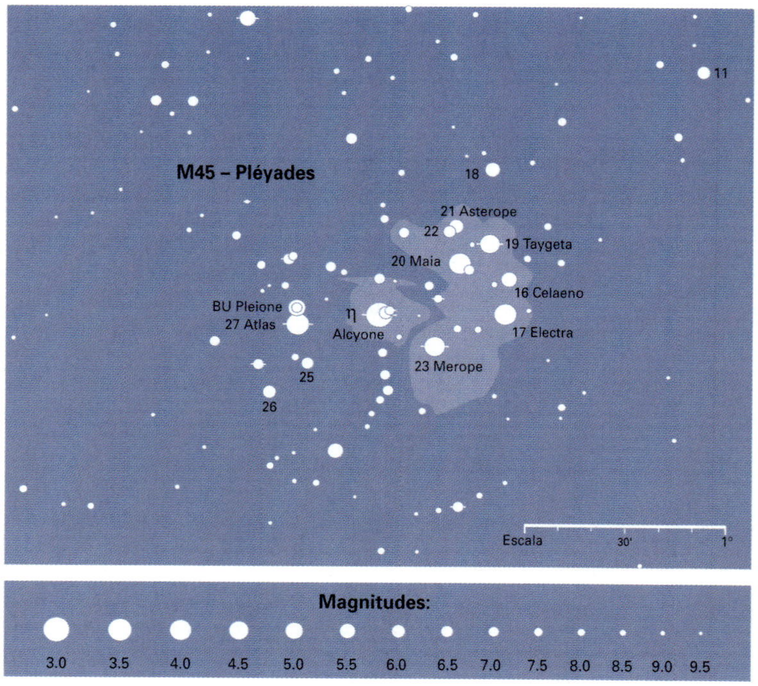

Pléyades

Alcíone (Alcyone)	mag. 2.9
Atlas	mag. 3.6
Electra	mag. 3.7
Maya	mag. 3.9
Mérope (Merope)	mag. 4.1
Taigete (Taygeta)	mag. 4.3
Pléyone (Pleione)	mag. 4.8–5.5 (variable)
Celeno (Celaeno)	mag. 5.5
18 Tauri	mag. 5.7
Astérope (Asterope)	mag. 5.8
22 Tauri	mag. 6.4

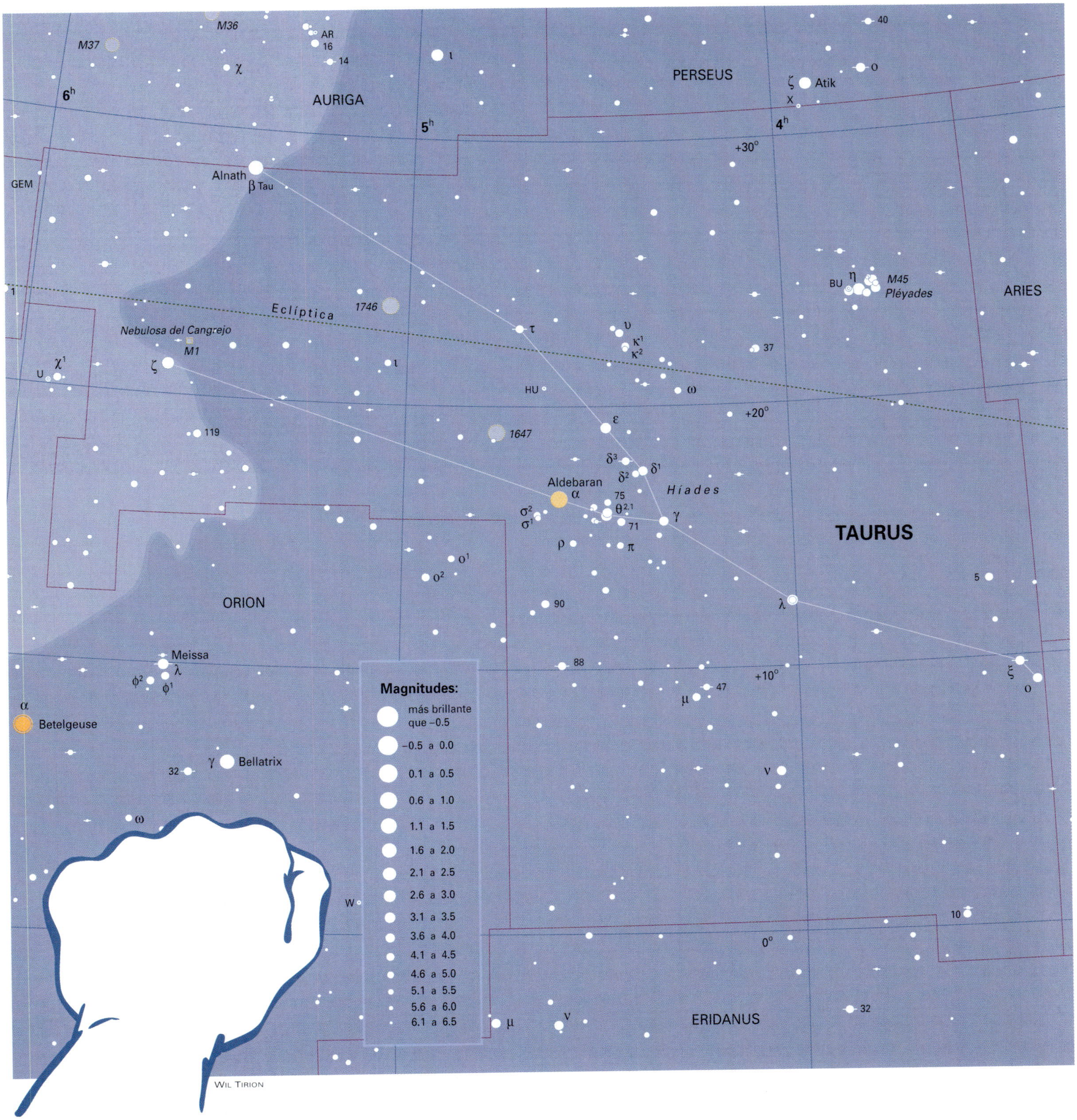

WIL TIRION

En el centro de la nebulosa del Cangrejo radica uno de los objetos más reducidos y densos que existen, conocidos como estrellas de neutrones, consistente en el núcleo comprimido de la estrella original que sufrió la explosión. Las estrellas de neutrones cuentan con una masa semejante a la del Sol pero condensada en una esfera de tal vez 20 kilómetros de diámetro. Con un tamaño tan exiguo, la estrella de neutrones puede girar muy deprisa (30 veces por segundo en el caso de la que alberga la nebulosa del Cangrejo) y cada vez que gira, la estrella de neutrones emite un destello de luz, ondas de radio y rayos-X, igual que el haz de un faro marítimo. Estas estrellas de neutrones que emiten destellos reciben el nombre de púlsares. Con todo, la decimosexta magnitud del púlsar del Cangrejo solo queda al alcance de los telescopios de gran porte.

El hecho de que si no existieran las supernovas nosotros no estaríamos aquí, resulta sobrecogedor. Las reacciones nucleares que se producen dentro de las supernovas transforman el hidrógeno y helio primordiales en todos los elementos químicos que existen en la naturaleza, los cuales se van dispersando por el espacio y terminan agrupándose más tarde para formar nuevas estrellas, planetas y, tal vez, algún tipo de vida. Al observar la nebulosa del Cangrejo recuerden que los átomos de nuestro cuerpo surgieron de ese modo, durante la explosión de supernova que sufrió una estrella cuya vida y muerte tuvieron lugar mucho antes de que naciera la Tierra.

Indice

Lecturas complementarias

Quienes deseen profundizar en la observación avanzada encontrarán descripciones de objetos interesantes para telescopios de hasta 200 mm de abertura, junto con mapas de todas las constelaciones del cielo, en la obra *Estrellas y planetas*, de Ian Ridpath y Wil Tirion (tercera edición, Ediciones Omega, Barcelona). Para ahondar más acerca de los mitos relacionados con las constelaciones, véase el libro *Star Tales* de Ian Ridpath (Editorial Luterwork en el Reino Unido, editorial Universe en Estados Unidos).

La obra *Atlas estelar Cambridge* de Wil Tirion (Editorial Cambridge University Press, Madrid) ofrece un atlas completo del firmamento hasta magnitud 6.5.